U0929454

园林植物彩色图鉴

灌木与观赏竹

SHRUBS and BAMBOO

胡绍庆 主编

中国林业出版社

ILLUSTRATED COLOR LANDSCAPE PLANTS ILLUSTRATED COLOR LANDSCAPE

图书在版编目（CIP）数据

灌木与观赏竹／胡绍庆主编.
—北京：中国林业出版社，2011.8
（园林植物彩色图鉴 ／ 王雁主编）
ISBN 978-7-5038-6290-8

Ⅰ. ①灌… Ⅱ. ①胡… Ⅲ. ①灌木－图集②竹亚科－图集 Ⅳ. ①S718.4-64 ②S795-64

中国版本图书馆CIP数据核字（2011）第165788号

出版：中国林业出版社
（100009 北京西城区刘海胡同7号）
E-mail：cfphz@public.bta.net.cn 电话：83224477
发行：新华书店北京发行所
印刷：北京顺诚彩色印刷有限公司
版次：2011年9月第1版
印次：2012年1月第2次
开本：889mm × 1194mm 1/32
印张：10
字数：300千字
印数：2001～5000册
定价：68.00元

丛书编委会名单

主　编：王　雁

副主编：胡绍庆、徐晔春、孙光闻、曹玉美

本书编委会名单

主　编：胡绍庆[1]

副主编：卢　山[1] 陈　波[1] 吴光洪[2]

编　委（按姓氏笔画排序）：

丁旭升[2] 于佳敏[7] 王越[4] 王丽娴[1] 王嘉琳[7] 江俊浩[1]
叶晓刚 汪伟国[7] 吴小成[7] 许仁华[1] 刘海军[7] 沈柏春[2]
沈晓萍[7] 沈珊珊[1] 李寿仁[2] 朱旭方[2] 张海峰[7] 张俊磊[7]
余杰[7] 余毅敏[7] 陈伯翔[2] 陆贞结[7] 周之瑶[7] 周之静[7]
赵宇红[7] 赵雅青[7] 胡立辉[5] 胡新艳[7] 罗威[7] 郭金剑[2]
夏俊[7] 高建[7] 高博[7] 章晶晶[1] 温　放[4] 梁一萍[6] 童昕[7]

摄　影：胡绍庆[1] 徐晔春[9] 陈征海[3] 张培新[8] 徐克学
张宪春 于胜祥 袁彩霞 张代贵 王世光 刘　冰
王　锁 杜　诚 刘小宁 罗毅波 孙观灵 张润堂
黄慧敏 李策宏 马炜梁 宋　鼎 彭玉德 刘　夙
李　敏 张宏伟 陈炳华 苏丽飞 林秦文 陈又生
朱德铮

作者单位：

1 浙江理工大学；2 杭州市园林绿化工程有限公司；3 浙江省林业勘察设计院；4 浙江森禾种业有限公司；5 浙江树人大学；6 广西壮族自治区乡镇林业工作总站；7 杭州易大景观设计有限公司；8 浙江省安吉县林业局；9 广东省农科院花卉研究所

特别鸣谢：中国科学院植物研究所中国植物图象库李敏先生、徐克学先生

丛书出版前言

随着我国社会科学和文明的发展，生态环境的观念越来越受到人们的广泛认可。无论是在城市还是乡村建设中，园林植物都已成为不可缺少的主要成员之一。植物在城乡绿化中主要起着两个方面的作用：一是建设生态环境的作用；一是营造植被景观的作用。前者是通过植物本身的生态功能为人类和其它动物提供一个适合居住的“场所”；后者是满足人类精神层次对美的追求。

自然界的森林是由高低错落的，不同层次的乔、灌、草植物组成的。因此，现代生态城市的园林景观也都是由乔、灌、草3个以上层次组成。

乔木在园林中起着骨架的作用，它们能构成景观天际线、形成大范围的风景背景或独立主景、提供浓密的绿荫；灌木属于中间层，与人的视线高度接近，是人在园林中最方便接触、观赏到的植物类群；藤蔓植物作为地被或层间植物承担着乔木与地面、建筑物与地面之间的连贯和过渡；水生植物在营造水面生态环境中起着不可替代的作用；花坛草花包括一二年生草花，多年生宿根、球跟花卉，观叶草本，香草植物等，它们或绚丽斑斓，或淡雅清新，在园林中通常是随季节变化或节庆需要，灵活栽植、变换摆放的种类，往往成为点睛之笔。棕榈植物在园林中主要用于营造热带风情。竹类植物在园林中主要用于营造古典园林或亚热带风情。

苏雪痕先生曾说过：园林工作者至少要认识1000种（品种）植物。每一个园林景观设计师都是给城市、乡村做礼服的“裁缝师”。设计师必须熟悉自己的材料，只有这样，他们的作品才能在充满创意的同时，也具有可行性，他们才能用植物材料作为油彩去绘制美好的景观图画。

岂止设计师，每个生活在园林城市中的人，也很想知道自己城市的“衣服”是用什么材料做的，每天徜徉在花海之中，自然也想对这些花草树木有一些亲近，有一些了解。认识园林植物，其实是每一个人的愿望，不过愿望的强烈程度，随个人的爱好各有差异而已。

“园林植物彩色图鉴”丛书第一批出版4册：乔木与观赏竹、灌木与观赏棕榈、水生与藤蔓植物、花坛草花。丛书介绍了我国园林中普遍应用的1800余种（品种）园林植物，种类涉及全国南北各地。共有3000多张高清晰彩色照片，每一种植物均配有多幅照片，从不同角度全面展现植物的株形、叶形、主要观赏部位及景观效果。辅以简洁的文字，介绍该植物的形态特征、生活习性、鉴别、栽培及应用方法等。本丛书的编排，科主要参考中国植物志的系统排序，属的编排依拉丁学名按英文排序。

本丛书可以作为园林园艺工作者、园林设计工作者、苗木生产人员、苗木经理人员便携的彩色图鉴、工具书；也可以作为园林及相关专业大、中专院校学生及教师认识花卉或栽培花卉的参考书或教材；还可以做为花卉爱好者、自然爱好者、城市市民休闲游览公园或绿地时的科普入门读物。

出版者

2011.6

前言

灌木是指没有明显的主干，矮小而丛生的木本植物。灌木通常株高3m以下，株高0.5m以下者为小灌木如紫金牛；茎在草质与木质之间者称为半灌木或亚灌木。常见灌木有连翘、忍冬、小檗、黄杨、铺地柏、月季、杜鹃、牡丹、茉莉等。

灌木在园林景观营造中具有极其重要的作用。它在园林植物群落中属于中间层，起着乔木与地面、建筑物与地面之间的连贯和过渡作用。不同花色和不同株型的灌木，既可单植，又可以群植，以草坪、地被植物为背景，可以克服色彩上的单调感，形成整体景观效果。灌木与乔木树种配置能丰富园林景观的层次感，创造优美的林缘线。低矮的灌木可以用于建筑物的四周、园林小品和雕塑基部作为基础种植，既可遮挡建筑物墙基生硬的建筑材料，又能对建筑物和小品雕塑起到装饰和点缀作用。灌木与人的视线高度接近，是人在园林中最方便接触、观赏到的植物类群。灌木的物候和季相变化明显，最容易引起人们的注意，并使人们在时间上形成韵律和节奏感。

灌木是生态园林中不可缺少的一环，其种类繁多，既有观花也有观叶、观果的，更有花、果，或果、叶兼美者，开花时节灿烂芬芳，秋冬又有果挂枝头，更兼叶色变化丰富，给人以美的享受。花灌木开花时节能吸引蜜蜂、蝴蝶等昆虫飞舞其间，果实成熟时又可招来各种鸟类前来啄食，创造出鸟语花香的意境，同时还能提高植物群体的生态效益。

花灌木中许多种类可以作为布置花境的材料。充分利用灌木丰富多彩的花、叶、果和随季节变化的规律布置花境，是今后灌木应用很有前途的发展方向。

竹类是中国传统园林中不可缺少的植物类群，是中国传统园林文化的主要承载体之一。它们主要生长在亚热带地区，即有如乔木样高大的种类，也有如灌木样低矮的种类。它们在景观形态上的共同点是：木本，茎干具节，节间较长，常中空；茎生叶二行排列，互生于由节上发出的小枝上，通常为披针形。竹类植物在园林中主要用于营造古典园林或亚热带风情。

近年来，随着我国城乡建设的发展，生态园林的模式越来越受到社会的广泛认可，城乡绿化中应用的植物种类琳琅满目，各种新优苗木不断涌现，使得园林设计、养护，苗木生产、采购人员遇到许多具体的问题。

本书介绍了400余种（变种、品种）观赏灌木及观赏竹类植物。在介绍名称、科属、形态特征的同时，辅以清晰的叶、花以及植株形态的图片，旨在帮助大家方便地辨识植物种类，避免不必要的差错。此外，着重介绍了这些种类的原产地、适生地区、习性和园林应用。这些知识即可以帮助园林规划设计、造园者在选择植物种类时作出取舍；也可以帮助园林苗木生产者选择适合自己的经营对象；还可以成为农林院校相关专业师生的教学材料；或成为园林植物爱好者、青少年了解、认识园林植物的工具书。

需要说明的是，灌木的适应范围相对于乔木来说更广一些，许多新引进种或品种的适应地区有待于大家在实践中近一步探索。我国是植物资源大国，尤其温带、亚热带森林资源具有特色，许多乡土灌木种类的绿化苗木生产正待开发。

本书在编写过程中，广泛地查阅了各种现有资料，尽可能地修正了一些流行的概念上的混淆。但由于许多新兴应用的植物来源多渠道，尤其从国外引入者所附材料欠缺，导致国内专家们有不同认识。编者水平有限，处理不当之处在所难免，敬请广大读者海涵。并真诚地欢迎读者阅后能提出宝贵意见，以便我们再版时改进。

编者

2011.6

目 录

针叶树种

◎除木麻黄外，针叶树种通常是裸子植物的代名词。

◎裸子植物的胚珠和种子裸露，不被子房和果皮包被。

◎裸子植物的花称球花，雌雄同株或异株，它们多数种类为常绿乔木。

◎裸子植物的叶通常为针形、条形、披针形、鳞形，极少数呈带状。

洒金千头柏

千头柏

拉丁名：*Platycladus orientalis* 'Sieboldii'

别名：子孙柏、扫帚柏、凤尾柏　　**科属**：柏科侧柏属

原产地：原种产我国东北、华北、西北地区东部及华东、华南、西南等地。朝鲜也有分布。

丛生常绿灌木。为侧柏的栽培品种，在我国及日本栽培历史悠久。自然长成圆球形，可布置于树丛前增加层次，长江流域及华北南部多栽作绿篱或园景树。可对植、群植，是良好的绿化树种。适应性极强，栽培管理粗放。喜光，过度遮荫易使植株枝叶稀疏，不利于造型，喜温暖、湿润环境，也耐严寒，耐干燥和瘠薄。对土壤适应性强，但喜土层深厚、肥沃和排水良好的土壤，不耐水涝。浅根性，萌蘖力强，耐修剪。对有害气体抗性弱。

形态特征：树冠卵圆形或圆球形。无明显主干，高可达3～5m，常1～1.5m。小枝直展，扁平，两面同色同型，排成一平面。球花单生于小枝顶端。球果卵圆形，被白粉，熟时开裂。

洒金千头柏

常见栽培品种：

①金枝千头柏（'Semperaurescens'），又名金黄球柏：矮生灌木，树冠球形，叶呈金黄色。

②洒金千头柏（'Aurea Nana'），树冠矮生紧凑，叶淡黄绿色，顶端色浅，入冬略转褐绿。

金枝千头柏

金枝千头柏

球桧

拉丁名：*Sabina chinensis* 'Globosa'

别名：球柏　**科属**：柏科圆柏属

原产地：为圆柏的栽培变种。原种产我国内蒙古及沈阳以南，南达广东、广西北部，西南至四川西部、云南、贵州，西北至陕西、甘肃南部均有分布，西藏有栽培。朝鲜、日本有分布。

丛生常绿灌木。为圆柏（桧柏）的栽培变种。其树形优美，青年期为整齐的圆锥形，基部枝叶亦不干枯，耐修剪又有很强的耐阴性，为优良绿篱树种。喜光，耐阴。对土壤要求不严，喜深厚、肥沃、稍湿而排水良好的土质。为深根性长寿树种。

形态特征：圆球形、圆柱形或扁球形灌木。叶多为鳞叶，间有刺形叶，小枝密生。

常见栽培品种：

①金叶桧（'Aurea'），绿叶丛中间有金黄色枝叶。

②鹿角柏（'Pfitzeriana'），枝向上斜展，鳞形叶。

沙地柏

拉丁名：*Sabina vulgaris*

别名：叉子圆柏、新疆圆柏　　　　**科属**：柏科圆柏属

原产地：原产于我国新疆天山至阿尔泰山、宁夏、内蒙古、青海东北部、甘肃祁连山北坡、陕西榆林海拔 1100～2800m 地带多石山地及沙丘上。

常绿匍匐灌木。匍匐有姿，是良好的地被树种。适应性强，宜护坡固沙，作水土保持及固沙造林用树种。喜光，喜凉爽、干燥的气候，耐寒，耐旱，耐瘠薄，不耐涝。对土壤要求不严。适应性强，生长较快，栽培管理简单，是华北、西北地区良好的绿化树种。

形态特征：高不及 1m。枝密，斜上展，小枝细，径约 1mm，近圆形。鳞叶交叉对生相互紧贴，先端钝或稍尖，背面中部有明显的椭圆形腺体；刺形叶常生于幼龄树上。雌雄异株，球果熟时呈暗褐紫色，被白粉；种子 1～4 粒。

铺地柏

拉丁名：*Sabina procumbens*

别名：爬地柏、矮桧、匍地柏、偃柏　　**科属**：柏科圆柏属

原产地：原产日本。我国黄河流域至长江流域广泛栽培，各地园林中常见。

常绿匍匐小灌木。枝叶翠绿，婉蜒匍匐，颇为美观，春季抽生新枝叶时，观赏效果最佳。在园林中可配植于岩石园或草坪角隅，又为缓土坡的良好地被植物；尤其用于岩石园时，匍匐枝悬垂倒挂，古雅别致；亦是制作悬崖式盆景的良好材料。喜光，稍耐阴，耐寒，耐瘠薄，耐干旱，在滨海湿润气候条件下生长最佳，忌低湿。对土质要求不严，在干燥的砂地上生长良好，喜石灰质的肥沃土壤。生长较慢，萌生力强。

形态特征：高可达 75cm，冠幅逾 2m，枝干贴近地面伸展，小枝密生。叶全为刺叶，长 6～8mm，3 叶交叉轮生，上面有 2 条白色气孔线，下面基部有 2 白色斑点。球果球形；内含种子 2～3 粒。

三尖杉

拉丁名：*Cephalotaxus fortune*
别名：榧子、石榧、水柏子、狗尾松、尖松、山榧树、崖头杉
科属：三尖杉科三尖杉属

原产地：我国特有植物，原产于长江流域及以南各地，生于亚热带常绿阔叶林中。

常绿灌木或小乔木。树姿婆娑，端庄秀丽，形态奇特，叶背有两条银白色的气孔带，微风吹拂，银光耀眼，具有独特风姿。喜半阴，但对气候条件具有较强的适应性，较耐干旱、寒冷、瘠薄。喜酸性土壤。

形态特征：枝端冬芽呈 3 个排列，春天小枝分三叉生长，故名三尖杉。叶螺旋状着生，基部扭转排成二列状，柔软不刺手，长 3.5～4cm，通常微弯，先端渐尖，下面有白色气孔带，中脉明显。雄球花 8～10 枚聚生成头状；雌球花生于小枝基部。种子椭圆状卵形，熟后紫色或紫红色。

其他用途：三尖杉是我国特产的重要药用植物，所含的多种植物碱对癌症有较好的疗效。

粗榧

拉丁名：*Cephalotaxus sinensis*
别名：粗榧杉、中华粗榧杉、中国粗榧　　**科属**：三尖杉科三尖杉属

原产地：我国特有树种，原产于长江流域以南及河南、陕西、甘肃等地，多生于海拔600～2200m山地。

常绿灌木或小乔木。树姿婆娑、独特，常与其他树配置，作基础种植用，或点缀于草坪边缘大乔木之下。也可作切花叶材。耐阴，较耐寒，抗病虫害能力强。喜生于富含有机质的壤土中。生长缓慢，但有较强的萌芽力，耐修剪，不耐移植。

形态特征：高2～5 m，有时可达12m。叶条形，通常直，很少微弯，端渐尖，长约3.5cm，宽约3mm，先端有微急尖或渐尖的短尖头，上面绿色，下面气孔带白色。花期4 月；种子次年10 月成熟。

曼地亚红豆杉

拉丁名： *Taxus media*
科属： 红豆杉科红豆杉属

原产地： 原产于美国、加拿大，是一个天然杂交种。其母本为东北红豆杉 *T.cuspidata* 父本为欧洲红豆杉 *T.bauata*。我国 20 世纪 90 年代中期从加拿大引种。

常绿灌木。秋果红艳，树形优雅，健康饱满，耐修剪，好造型，具有较高的园艺价值。耐阴，对环境适应性强，可适应年降雨量 100～2000mm，温度 – 25～40℃，土壤pH 值 5.0～8.0 的生长环境。在我国大部分地区均可栽培。生长速度较慢，萌发力强，主根不明显，侧根发达。是良好的经济树种和绿化树种。

形态特征： 小叶螺旋状着生，基部扭转排成二列，条形，通常微弯，长 1～2.5 cm，宽 2～2.5 cm，边缘微反卷，下面沿中脉的两侧有两条宽的灰绿色或黄绿色气孔带。雌雄异株，雄球花单生叶腋。种子扁卵圆形，生于成熟时肉质红色的杯状假种皮中。

枷罗木

拉丁名：*Taxus cuspidata* var. *nana*
别名：矮紫杉　　**科属**：红豆杉科红豆杉属

原产地：我国原产于东北的东部。朝鲜北部及日本也有。上海、大连及江浙一带常有栽培。

常绿灌木。株型低矮，横展密生，羽叶苍干，终年不凋，风姿俨若古木，清逸潇洒。种子成熟时，假种皮鲜红透亮，如粒粒红宝石，自成天趣。宜植于庭院或草地周围的树丛中；适宜盆栽。喜光，亦耐阴，忌烈日，耐严寒，不耐水涝，喜肥。适生于富含腐殖质、湿润、疏松的酸性土壤和空气湿度大的环境。浅根性，生长缓慢，基部能萌蘖，耐修剪整型。

形态特征：株形矮小，半圆球形。枝平展或斜展，密生。叶短，质厚，密着。种子卵圆形，紫红色。花期 5 月；种子 9 月成熟。

阔叶树种

◎除银杏外，阔叶树种通常都是被子植物。它们的叶片通常是宽大的。被子植物的胚珠和种子有子房和果皮包被，花由花萼、花冠、雄蕊群、雌蕊群四部分组成。

◎被子植物门分为单子叶植物、双子叶植物两个纲。除棕榈类和竹类之外的树木都属于双子叶植物纲。双子叶植物的胚分化为四个主要部分：胚根、胚轴、子叶和胚芽。它们幼苗的子叶是两个。

◎被子植物的茎有韧皮部和木质部。木质部中有导管，韧皮部有筛管、伴胞，使输导组织的结构和生理功能更加完善。

◎它们叶的大小、形状和结构很不一致，叶序有互生、对生或轮生。一些种类在冬季或旱季叶片会脱落，以休眠状态渡过逆境。

草珊瑚

拉丁名：*Sarcandra glabra*

别名：九节花、九节茶、接骨莲、肿节风　　**科属**：金粟兰科草珊瑚属

原产地：我国原产于长江以南广大地区。东南亚各国也有分布。

多年生常绿亚灌木。华南园林中宜在林下荫湿处作地被；长江流域及以北地区作盆栽观赏。喜阴凉环境，忌强光直射，喜温暖、湿润气候，忌高温干燥。喜腐殖质深厚，疏松、肥沃、微酸性的砂壤土，忌贫瘠、板结、易积水的黏重土壤。

形态特征：株高0.5～1.2m。茎直立，绿色、无毛，节膨大，节间有纵行较明显的脊和沟。单叶对生；叶片革质，卵状长圆形，先端渐尖，基部尖或楔形，边缘除近基部外有粗锯齿。花小，黄绿色，组成顶生短穗状花序。浆果核果状，球形，熟时呈鲜红色。花期8～9月；果期10～11月。

其他用途：全草入药，有抗菌消炎、清热解毒、祛风除湿、活血止痛、通经接骨等功效。

无花果

拉丁名：*Ficus carica*

别名：映日果、奶浆果、蜜果、树地瓜、明目果　　**科属**：桑科榕属

原产地：原产于欧洲地中海沿岸和中亚地区。西汉时引入我国，现以长江流域和华北沿海地带栽植较多，华南及西南地区也有栽培。

落叶灌木或乔木。叶片宽大，果实奇特，夏秋果实累累，是优良的庭院绿化和经济树种，具有抗多种有毒气体的特性，耐烟尘，少病虫害的优良特性，可用于厂矿绿化。喜光，喜温暖、湿润的海洋性气候，喜肥，不耐寒，不抗涝，较耐干旱。

形态特征：高可达12m。植物体有乳汁。小枝粗壮，托叶包被幼芽，托叶脱落后在枝上留有极为明显的环状托叶痕。单叶互生，厚膜质，宽卵形或近球形，掌状深裂，上面粗糙，下面有短毛。花序托有短梗，单生于叶腋。聚花果梨形，熟时黑紫色。

其他用途：果甘甜多汁，味芳香，还可做果干和果酱。叶、果、根可入药。

沙拐枣

拉丁名：*Calligonum mongolicum*

别名：头发草　　**科属**：蓼科沙拐枣属

原产地：原产于我国内蒙古、宁夏、甘肃、青海和新疆等地。多生于沙地、戈壁滩、干河床以及山前沙砾地。

多枝丛生落叶小灌木。花、果及老枝均独特、别致，有一定观赏价值，可植于园林绿地中点缀。也可盆栽。萌芽性强，被流沙埋压后，仍能由茎部发生不定根、不定芽。生长快，枝条茂密，为优良的防风固沙植物。喜光，极耐高温、干旱和严寒。喜生于疏松、通气良好的流沙及半流动沙地。播种繁殖，育苗适合于沙壤和较干燥、疏松的沙性土壤，不宜在黏重土壤或低湿的盐碱地上生长，如地下水位过高，苗木长势差。

形态特征：株高一般1～1.5m，丛幅0.5～2.0m。叶几乎完全退化，由绿色枝进行光合作用。老枝灰白色，开展；一年生枝草质，绿色，有关节。叶条形，托叶鞘膜质，极小。花两性，淡红色，通常2～3朵簇生叶腋。瘦果宽椭圆形。花期5～6月。

光叶子花

拉丁名：*Bougainvillaca × buttiana*
别名：三角花、宝巾花、三角梅　　**科属**：紫茉莉科叶子花属

原产地：原产巴西。我国华南、西南各地均栽培于庭院或作攀缘植物。长江以北越冬需入温室栽培。

常绿攀援灌木。四季开花，花期很长，花色丰富，树形纤巧，枝叶扶疏，繁花似锦，十分雅致。喜光，喜温暖、湿润气候，适当干燥可以加深花色，不耐寒，萌芽力强，耐修剪，忌水涝。不择土壤，但喜富含腐殖质的肥沃土壤。

形态特征：有枝刺，枝条常拱形下垂。单叶互生，卵形或卵状椭圆形，全缘。花管状，顶生，常3朵簇生于纸质的苞片内，苞片3枚，形似叶，颜色有粉红、紫红、橙红、鲜红或与白色嵌和色等，还有单瓣与重瓣等不同花型。叶绿色，也有花叶品种。瘦果5棱。

牡丹

拉丁名：*Paeonia suffruticosa*

别名：洛阳花、百花王、木芍药、富贵花、洛阳红　　**科属**：芍药科芍药属

原产地：原产于秦岭和大巴山一带山区，从野生引入观赏栽培，在我国已有1650年左右的历史。汉中是最早人工栽培牡丹的地方。

落叶亚灌木。暮春时节，姹紫嫣红，花团锦簇，蔚为壮观。其万紫千红的艳丽色彩，锦绣的装饰效果成为春末夏初园林中重要的观赏花卉。广泛应用于城市公园、街头绿地、庭院、寺庙、古典园林等。喜阳，但不耐晒，喜凉爽，耐寒，可耐－30℃的低温，不耐高温，宜燥、惧湿。要求疏松、肥沃、排水良好的中性土壤或砂土壤，忌黏重土壤。

形态特征：根系肉质强大，少分枝和须根。生长缓慢，株型小，株高1～3m，老茎灰褐色，当年生枝黄褐色。二回三出羽状复叶，互生。花单生茎顶；花萼5，雄雌蕊常有瓣化现象，花瓣自然增多和雄、雌蕊瓣化的程度与品种、栽培环境条件、生长年限等有关。花径10～30cm，花色有白、黄、粉、红、紫红、紫、墨紫（黑）、雪青（粉蓝）、绿、复色十大色系；有单瓣、复瓣、重瓣和台阁型花。花期4～5月。

黄牡丹

拉丁名：*Paeonia delavayi* var. *lutea*
科属：芍药科芍药属

原产地：原产于我国云南、四川（木里）、西藏等地。

落叶小灌木或亚灌木。为我国西南地区特有植物，渐危种，观赏价值颇高，但目前园林中尚鲜见应用，仅在部分专类园中见有展示。栽培要点不详，仅知其原产地为西南季风区，干、湿季明显，夏凉冬寒，雨量多，湿度大。在产区大多生长于石灰岩山地灌丛或疏林下。

形态特征：高1～1.5m。全体无毛。茎木质，圆柱形，灰色；嫩枝绿色，基部有宿存的倒卵形鳞片。叶互生，二回三出复叶，长20～35cm；叶片羽状分裂，基部下延，全缘或有齿，下面微带白粉；叶柄长7～15cm。花2～5朵生于枝顶或叶腋，直径5～6cm；花瓣9～12枚，黄色，有时边缘红色或基部有紫色斑块；雄蕊多数。蓇葖革质，长3cm，直径1.5cm，顶端长渐尖下弯。花期4～5月；9～10月果熟。

其他用途：是培育牡丹、芍药等新品种的珍稀种质基因，在园艺育种上有科学价值。

十大功劳

拉丁名：*Mahonia fortunei*

别名：黄天竹、土黄柏、刺黄芩、猫儿刺　　**科属**：小檗科十大功劳属

原产地：原产于我国四川、甘肃、河南、湖北、安徽和浙江等地。多生于山谷、林下阴湿处。

常绿灌木。叶形奇特，典雅美观，在庭院中可栽于假山旁或石缝中。可在观赏树木的下面或风景区山坡的阴面栽植。生长 2～3 年后可进行一次平茬、更新。耐阴，性强健，具有较强的抗寒能力，不耐暑热，在高温下不但生长停止，叶片也会干尖，较耐旱，但在干燥的空气中生长不良，怕水涝，极不耐碱。喜排水良好的酸性腐殖土。

形态特征：高可达 4m。羽状复叶互生，长 30～40cm，叶柄基部扁宽，抱茎；小叶 7～15 枚，厚革质，广卵形至卵状椭圆形，先端渐尖成刺齿，边缘反卷，每侧有 2～7 枚大刺齿。总状花序粗壮，丛生于枝顶；花瓣 6，淡黄色。浆果卵圆形，熟时蓝黑色，有白粉。花期 7～10 月；果期 10～11 月。

其他用途：全株可药用，有滋阴强壮、清凉、解毒等功效。　根、茎、叶含小檗碱等生物碱。

阔叶十大功劳

拉丁名：*Mahonia bealei*
别名：土黄柏、土黄连、八角刺、刺黄柏、黄天竹
科属：小檗科十大功劳属

原产地：原产于我国秦岭以南，多生于山坡、山谷之林下、林缘多石砾处，各地多栽培。

常绿灌木。枝干挺直，枝叶苍劲，叶形奇异，黄花成簇，典雅可。可作为林缘下木丛植，或点缀于假山上、岩隙、溪边；也可盆栽用于会场布置、室内装饰。耐阴，也较耐寒，喜温暖、气候，耐旱，萌蘖力强，耐修剪。对土壤要求不严，在酸性土、中性土上均能生长，最适合于肥沃、湿润、排水良好之土壤。对有毒气体有一定的抗性。

形态特征：高可达4m。全株无毛。茎粗壮，直立。单数羽状复叶，长25～40cm，有叶柄；小叶7～15枚，厚革质，每边有2～8刺锯齿，边缘反卷。秋季开褐黄色花，芳香，总状花序顶生而直立，花瓣6；雄蕊6。浆果卵形，暗蓝色，有白粉。

湖北十大功劳

拉丁名：*Mahonia confusa*

科属：小檗科十大功劳属

原产地：广泛分布于长江流域。

常绿灌木。丛植于庭院或草坪、花坛中作衬景非常适宜。喜光，也耐半阴，喜温暖，耐寒性稍差，能耐一定干旱。以疏松、肥沃、排水良好的土壤中生长最佳。

形态特征：高2～4m，小叶9～17枚，卵状椭圆形或长椭圆形，先端长尖，基部楔形。总状花序3～7个簇生。

南天竹

拉丁名：*Nandina domestica*
别名：天竺、南天竺、竺竹、南烛、南竹叶、红杷子、蓝天竹、木兰竺
科属：小檗科南天竹属

原产地：我国原产于长江流域及陕西、河北、山东等地。多生于湿润的沟谷旁、疏林下或灌丛中，为钙质土壤指示植物。日本、印度也有分布。

常绿灌木。树姿秀丽，翠绿扶疏。秋冬叶色变红，红果累累，圆润光洁，经久不落，无论地栽、盆栽还是制作盆景，都具有很高的观赏价值。多栽于庭园。喜光，亦耐阴，强光下叶色变红，喜温暖、多湿及通风良好的半阴环境，较耐寒，不耐旱。能耐微碱性土壤，适宜在富含腐殖质的沙壤土上生长。是长江流域地区常用的观叶、观果植物。适宜生长温度为20℃左右，适宜开花结实温度为24～25℃，8℃以下停止生长。适宜空气相对温度在50%～70%，相对湿度过低时，下部叶片黄化、脱落，上部叶片无光泽。

玉果南天竹

形态特征：株高约 2 m 。直立，少分枝。老茎浅褐色，幼枝红色。叶互生，常集于叶鞘；小叶椭圆状披针形。夏季开白色花，大形圆锥花序顶生。浆果球形，鲜红色，偶有黄色，宿存至翌年 2 月。花期 5～6 月，果熟期 10～翌年 1 月。

其他用途：以根、茎及果入药。

常见栽培品种：

①玉果南天竹（'**Yuguo**'），小叶翠绿、果黄绿色。
②狐尾南天竹（'**Huwei**'），果穗长达 30cm 以上如狐尾，结子茂密。
③五彩南天竹（'**Wucai**'），叶子狭长而繁密、色彩多变呈紫色。
④琴丝南天竹（'**Qinsi**'），叶如琴丝、枝干矮，适用于作案头清供。
⑤碧叶南天竹（'**Biye**'），叶绿色，种子颜色通红。

紫叶小檗

拉丁名：*Berberis thunbergii* ‘Atropurpurea’
别名：红叶小檗　**科属**：小檗科小檗属

原产地：原产于我国东北南部、华北及秦岭地区，多生于海拔1000m左右的林缘或疏林空地，为日本小檗的自然变种。

落叶小灌木。春日黄花簇簇，秋日红果满枝，可观果、观花、观叶。城市庭园中常栽植作刺篱，亦可丛植于草坪、池畔、岩石旁、墙隅、树下，是作绿化色带、花坛、彩球的优良材料。喜光，也能耐阴，喜凉爽、湿润环境，耐寒，也耐旱，不耐水涝。对各种土壤都能适应，在肥沃、深厚、排水良好的土壤中生长更佳。萌蘖性强，耐修剪。

形态特征：高达2～3m。多分枝，枝条广展，叶深紫色或红色，幼枝紫红色。刺细小，少分叉。叶片膜质，常8枚簇生于刺腋，菱状卵形，顶端钝尖，时有细小短尖头，全缘，表面暗绿色，背面灰绿色，两面脉纹不显著。花序伞形或近簇生，长1～2cm，通常有花2～5朵；黄色，下垂，花瓣边缘有红色纹晕。浆果长椭圆形，长约1cm，直径0.5～0.6cm，熟时红色或紫红色。花期5月；果期10月。

日本小檗

其他用途：根和茎、叶可药用，能清热、燥湿，泻火、解毒。民间用枝叶煎水洗治眼病。含小檗碱（黄连素），为抗菌、消炎药物。在调节血脂、治疗糖尿病方面也有显著作用。

小檗属植物是一个在干燥山地高度分化的种，全属约500种，主产北温带；在我国有250 多种，主产西部和西南部地区。

常见栽培品种及近缘种：

①金叶小檗（*B. thunbergii* 'Aurea'），春季新叶亮黄色至淡黄色，后颜色渐渐变深，呈金黄色，秋季落叶前变成橙黄色。

②日本小檗（*B. thunbergii*），老枝灰棕色或紫褐色，嫩枝紫红色；叶绿色，花黄色。

金叶小檗

日本小檗

金叶小檗

长柱小檗

③细叶小檗（*B. poirettz*），小枝细而有沟槽，枝紫褐色；花黄色。

④长柱小檗（*B. lempergiana*），又名天台小檗，原产于我国浙江和江西；刺三分叉；叶片革质，长椭圆形，叶缘每边具5～8细锯齿，部分叶片入冬后转鲜红色；花鲜黄色，5～15朵花排成总状花序；果实蓝黑色。

辛夷

拉丁名：*Magnolia liliflora*

别名：木笔、紫玉兰　　**科属**：木兰科木兰属

原产地：原产于我国河南和湖北，现各地广为栽植。

落叶大灌木。通常植于向阳的庭院、屋顶花园。喜光，在阳光充足处生长健壮、繁茂，半阴条件下虽也能生长，但较瘦弱，且花少，过阴则无花，喜湿润，怕涝，较耐寒，喜肥。

形态特征：高达3～5m。芽有灰褐色细毛；小枝紫褐色。叶倒卵形或椭圆状卵形，顶端急尖或渐尖，基部楔形。花大型，钟状；花萼片3，披针形，淡紫褐色；花瓣6，长圆状倒卵形，外面紫色或紫红色，内面白色；花丝和心皮紫红色。聚合果长圆形，长7～10cm，淡褐色。春季先花后叶或花叶同放。

其他用途：可作嫁接玉兰的砧木。树皮、叶和花可提制芳香浸膏。花含挥发油及少量生物碱。花蕾称“辛夷”，供药用。

含笑

拉丁名：*Michelia figo*

别名：香蕉花、含笑、含笑梅、笑梅　　**科属**：木兰科含笑属

原产地：原产于我国华南南部地区，现长江以南各地广有栽培。

常绿灌木或小乔木。叶绿花香，树形、叶形俱美，是重要的园林花木和名贵的香花植物，适于在小游园、花园、公园或街道上丛植。可配植于草坪边缘或稀疏林丛之下，使游人在休息时可享芳香。宜半阴环境，夏季不耐烈日曝晒，喜温暖、湿润，不耐干燥，不甚耐寒，长江流域地区需入室越冬，不耐瘠薄，怕积水。要求排水良好、肥沃的微酸性壤土，中性土壤也能适应。

形态特征：分枝多而紧密，组成圆形树冠；树皮和叶上均密被褐色绒毛。单叶互生，叶椭圆形，绿色光亮，厚革质，全缘。花单生叶腋，花瓣6枚，肉质淡黄色，边缘常带紫晕，花香袭人，有香蕉气味。花常不开全，有如含笑之美人口。花期3～4月；9月果熟。

云南含笑

拉丁名：*Michelia yunnanensis*
别名：皮袋香、山栀子、山枝子、十里香、石小豆、山辛夷
科属：木兰科含笑属

原产地：原产于我国云南中部及南部。

常绿丛生灌木。花极香，为优良的庭园观赏花木。可片植，亦可修剪成球形孤植或与乔木配植。喜光，耐半阴，喜温暖、湿润气候，有一定耐寒力，在－5℃仍然生长良好。喜微酸性土壤。耐移栽及修剪，适应性较强。

形态特征：高可达2～4m。芽、幼枝、幼叶背面、叶柄、花梗密被深红色平伏毛。叶革质，互生，倒卵形，上面绿色，背面有平伏毛，叶片极香。花单生叶腋；花蕾为大形苞片包被，苞片密被棕色绢毛，微开；花芳香，白色；雄蕊多数。花期2～3月；果期8～9月。

其他用途：花可提取浸膏。

蜡梅

拉丁名：*Chimonanthus praecox*

别名：腊梅、蜡花、黄金茶、黄梅花、腊木、麻木紫、石凉茶、唐梅、香梅、香木

科属：蜡梅科腊梅属

原产地：原产于我国中部，目前在鄂西及秦岭地区仍多见野生，常生于山地林中。朝鲜半岛、日本、欧洲、美洲均有引种栽培。

落叶灌木。为优良的庭园观赏花木。冬季开花，芳香宜人，可片植，亦可与其它乔木配植。喜光，略耐侧阴，耐寒，喜肥，耐干旱，忌水湿。适宜肥沃、排水良好的土壤，碱土、重黏土生长不良。抗氯气、二氧化硫污染能力强，病虫害少，寿命可达百年以上。

形态特征：高达3m。枝、茎成方形，棕红色，有椭圆形突出皮孔。叶椭圆状卵形至卵状披针形，长7～15cm，顶端渐尖，基部圆形或阔楔形，表面深绿，背面淡绿。花芳香，直径约2.5cm，外部花被片卵状椭圆形，黄色，内部的渐短，有紫色条纹；花托椭圆形，长约4cm，口部收缩，有附属物。花期11月至翌年3月。

其他用途：花可提取芳香油，又能解暑生津。花蕾可供药用。

常见栽培主要品种：

①小花蜡梅（'Parviflora'），花径仅0.9cm，外轮花被片淡黄色，内轮具浓红紫色斑纹；国内栽培较少，国外主要用作切花。

②狗牙蜡梅（'Intermedius'），又叫狗蝇蜡梅；花径2.5～2.7cm，外轮花瓣狭椭圆形，顶端钝尖，内轮花被片具紫红斑或全为紫红色；香味淡，花期早，多作砧木用。

③檀香蜡梅（'Santaloides'），花径2.6～2.7cm，花被片倒卵状椭圆形，顶端钝，反卷，内轮花被片具紫红晕或少量紫红斑，盛开时花被片呈钟状展开，花期居中。

④磬口蜡梅（'Grandiflorus'），花径3.0～3.6cm，花被片椭圆形，顶端圆，内轮花被片有紫红色条纹，盛开至花谢，花被片半含内抱，形似铁磬，深黄色，花期早，花期长，花朵较疏；其叶较宽大，长达20cm。

同属其他种：

蜡梅属植物约6种，均原产我国。如：

①亮叶蜡梅（*C.nitens*），常绿灌木；叶卵状披针形，表面有光泽，背面有白粉，无硬毛；花期10月至翌年1月；仅少数庭园有引种。

②柳叶蜡梅（*C.salicifolius*），幼枝条四方形；叶片线状披针形或长圆状披针形，长2.5～13cm；花小，单朵腋生；植株较矮，枝叶浓密，冠形丰满；花期长，可作为园林观赏植物，尤宜成片植于园内坡地，亦可孤植或丛栽于墙隅、窗下、庭院等处。

③浙江蜡梅（*C. zhejiangensis*），叶片卵状椭圆形或椭圆形，背面无白粉，均无毛。花淡黄色。花期10～12月。

夏蜡梅

拉丁名：*Calycanthus floridus*
科属：蜡梅科夏腊梅属

原产地：分布区狭窄，仅见于我国浙江、安徽交界山地和浙江天台山的中亚热带常绿阔叶林或常绿、落叶阔叶混交林下。

落叶灌木。是珍贵的庭园观赏花木。可片植，亦可修剪成球形孤植或与乔木配植。较耐阴，强光下生长不良，甚至枯萎，喜凉爽、湿润，不耐干旱与瘠薄，较耐寒。

形态特征：高1～3m。大枝二歧状，小枝对生，嫩枝黄绿色，2年生枝灰褐色。叶大，质薄，对生，先端短尖，边缘具不整齐微锯齿或近全缘。花单生嫩枝顶端，直径4.5～7cm，无香气；白色，边淡紫红色。花期5～6月；9～10月果熟。

其他用途：属渐危植物。在植物区系研究上有一定意义。

美国蜡梅

拉丁名：*Calycanthus floridus*
科属：蜡梅科夏腊梅属

原产地：原产美国佛吉尼亚州至佛罗里达州。引入我国栽培的时间不长。

落叶丛生灌木。是优良的夏季香花树种，可片植，亦可修剪成球形孤植或与乔木配植。喜光，但怕烈日曝晒，喜温暖、湿润的环境，耐寒冷。对土壤要求不严，但在疏松、肥沃，排水良好的土壤中生长更好。

形态特征：高 2 m 左右。树皮、木质和根均有香气。叶对生，卵形至椭圆形，长 5～12cm，背面密生柔毛；叶柄短，芽包在叶柄基部。单花生于枝条顶端，花朵直径约 5 cm，有似米酒的甜香味，花瓣与萼片带状，红褐色。花期 5 月初至 7 月中旬。

月桂

拉丁名：*Laurus nobilis*

别名：月桂树、香叶子、桂冠树、甜月桂、月桂冠　　科属：樟科月桂属

原产地：原产于地中海沿岸及小亚细亚一带岩石灌丛区。现世界各地广为栽培。我国长江流域以南，尤其是江苏、浙江、台湾、福建等地的庭园中多见。

常绿小乔木或灌木。四季常青，树姿优美，有浓郁香气，适于在庭院、建筑物前栽植，其斑叶者，尤为美观。在住宅前院用作绿墙分隔空间，隐蔽遮挡，效果也好。喜光，亦较耐阴，喜温暖、湿润气候，稍耐寒，可耐短时－8～－6℃低温，耐干旱，怕水涝，不耐盐碱。适生于土层深厚、排水良好、肥沃、湿润的沙质壤土中。萌生力强，耐修剪。

形态特征：树冠卵圆形，分枝较低，小枝绿色，全体有香气。叶互生，革质，广披针形，边缘波状，有醇香。花单性，雌雄异株，伞形花序簇生叶腋间，小花淡黄色。核果椭圆状球形，熟时呈紫褐色。花期4月；果熟期9月。

其他用途：叶和枝条可馏出月桂油，用于制香料和月桂香水。

黄常山

拉丁名：*Dichroa febrifuga*
别名：鸡骨常山、常山、风骨木、白常山、大金刀
科属：虎耳草科常山属

原产地：原产于我国长江以南各地，生于林下、路旁和溪沟边。南亚、东南亚各国也有分布。

园林应用与习性：落叶灌木。其花、果色彩为紫蓝色，为庭院花卉中较少见的颜色，美丽、可爱。但因全株有毒，目前园林中未见观赏应用。

形态特征：高达2m。小枝、叶柄和叶无毛或疏生短毛。单叶对生，叶片椭圆形，长7～25cm，宽4～8cm，边缘有锯齿。伞房状圆锥花序顶生或生于上部腋内；花淡蓝色。浆果，成熟时蓝色。花期6～7月；果期8～9月。

其他用途：全株有毒；根、叶可作退热和抗疟药。

溲疏

拉丁名：*Deutzia* spp.
科属：虎耳草科溲疏属

原产地：原产于我国浙江、江西、安徽、山东、四川、江苏等地。

落叶灌木。初夏开白色、粉红色或淡紫色花，繁密而素雅，花期长，其重瓣变种更加美丽。国内外庭园中栽培应用已久，宜丛植于草坪、路边、山坡及林缘，也可作花篱及岩石园种植材料。花枝可供瓶插观赏。喜光、稍耐阴，喜温暖、湿润气候，但亦耐寒、耐旱。对土壤要求不严，但以富含腐殖质、排水良好、pH6～8 的壤土为宜。性强健，萌芽力强，耐修剪。

形态特征：高约 3 m。小枝通常被星状毛。树皮常片状脱落。单叶，对生，有短柄，边缘具齿，叶片多为卵状披针形。花序顶生或腋生，圆锥状、伞房状、聚伞状或穗状，稀单花；花萼 5 裂，花瓣 5，花白色、粉红色、淡紫色；雄蕊一般 10 枚；花柱 3～5 枚，离生。蒴果。花期 5～6 月。

其他用途：根、叶、果均可药用。

常见栽培品种及近缘种：

①重瓣溲疏（*D.scabra*'Plena'），叶具圆钝细锯齿；花蕾外有红晕，花重瓣，开放后花瓣白色，外轮花瓣外面染淡紫红色。

②壮丽溲疏（*D.* × *magnifica*），杂交种，株高2m以上；叶卵状长圆形或长卵形；花重瓣，纯白色。

③小花溲疏（*D.parviflora*），叶片卵形，边缘具不规则的小锯齿，有5～6条放射状星状毛；花序伞房状；花期5月。

④大花溲疏（*D.grandiflora*），叶卵形至卵状椭圆形，缘具不整齐细密锯齿；星状毛辐射枝3～6；花白色，1～3朵聚伞状；蒴果半球形；花期4～5月。

⑤冰生溲疏（*D.crenata*'Nikko'），又名小溲疏，原产日本，现在华东各地广泛栽培；株型低矮丰满，开花繁茂而闻名，是绿化美化的优良材料，为最优秀的溲疏园艺品种之一。

⑥异色溲疏（*D.discolor*），又称白花溲疏；小枝疏生星状毛；叶片卵状矩圆形或披针形，下面白色，密生紧贴的星状毛；花序伞房状。

⑦东北溲疏（*D. amurensis*），叶片椭圆形，边缘有细锯齿，上面绿色，散生星状毛，下面色淡，星状毛多有5～7条辐射线；伞房状花序，生于枝端，花白色；花期7～8月，果期8～9月。

黄山溲疏

⑧黄山溲疏（*D. glauca*），老枝光滑，树皮成薄片状剥落；叶片卵形至卵状披针形，边缘有小齿，两面均有星状毛，粗糙；花序圆锥状；花白色或带粉红色斑点；蒴果近球形，顶端扁平；花期5～6 月。

⑨球花溲疏（*D. glomeruliflora*）叶较小，膜质，下面淡绿色，被4～6 条辐射线的星状毛。花序多花，紧密成团；花白色，微带香味，外轮雄蕊花丝宽花瓣状而易辨别。

⑩长叶溲疏（*D.longifolia*）叶披针形，下面灰绿色，密被8～14 条辐射线的星状毛，花红色而极易辨别。

⑪宁波溲疏（*D.ningpoensis*）叶片狭卵形或披针形，基部宽楔形或钝，边缘有小齿，下面密生白色星状茸毛。花序圆锥形，常生于侧枝顶端；花多数，均有星状毛；花白色。花期5～6 月。

球花溲疏

球花溲疏

宁波溲疏

长叶溲疏

长叶溲疏

长叶溲疏

绣球

拉丁名：*Hydrangea macrophylla*

别名：八仙花、紫阳花、绣球荚蒾、粉团花　　**科属**：虎耳草科八仙花属

原产地：原产于我国长江流域及以南地区，现全国各地均有栽培。1736 年引种到英国，在欧洲的荷兰、德国和法国栽培比较普遍。日本也有分布。

落叶灌木。花朵洁白丰满，大而美丽，其花色能红能蓝，令人悦目怡神，可栽于建筑物旁、池畔、林下，花团锦簇，叶绿花红，十分雅致耐观。在长江以南地区的公园和风景区可成片栽植，形成景观。北方则盆栽点缀窗台、阳台和客室，别有一番情趣。喜半阴，喜温暖、湿润环境，生长适温为18～28℃，忌高温、高湿。土壤以疏松、肥沃和排水良好的砂质壤土为佳。土壤pH 对使花色变化影响较大，酸性有利于加深蓝色；碱性则可保持粉红色。

中国绣球

中国绣球

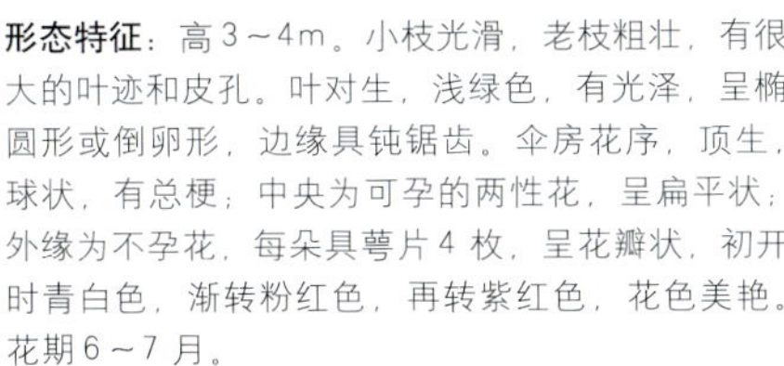

形态特征：高3～4m。小枝光滑，老枝粗壮，有很大的叶迹和皮孔。叶对生，浅绿色，有光泽，呈椭圆形或倒卵形，边缘具钝锯齿。伞房花序，顶生，球状，有总梗；中央为可孕的两性花，呈扁平状；外缘为不孕花，每朵具萼片4枚，呈花瓣状，初开时青白色，渐转粉红色，再转紫红色，花色美艳。花期6～7月。

常见栽培品种及近缘种：

①银边八仙花（*H.macrophylla* 'Maculata'），叶缘银白色。

②中国绣球（***H.chinensis***），灌木，叶片纸质；伞形或伞房状聚伞花序顶生，花黄色，蒴果卵球形；花期5～6月，果期9～10月。

中国绣球

银边八仙花

银边八仙花

圆锥绣球

拉丁名：*Hydrangea paniculata*

别名：水亚木、白花丹　　**科属**：虎耳草科八仙花属

原产地：我国原产于长江流域及以南地区。日本也有。

落叶灌木或小乔木。花序大型，鲜艳繁茂，多供观赏，可在长江以南的庭院、公园及水边作花镜等。也可盆栽室内观赏。喜半阴，喜温暖、湿润，忌高温。土壤以疏松、肥沃和排水良好的砂质壤土为好。

形态特征：高可达8m。叶对生，有时在枝上部的为3叶轮生；叶卵形或椭圆形，长5～10cm，宽3～5cm，边缘有内弯的细锯齿。圆锥花序顶生，长8～20cm，花二型；放射状不孕花通常具4枚萼瓣；孕性花白色，芬香。蒴果近卵形，长4mm。

常见栽培变种：

大花圆锥绣球（*H.paniculata* var. *grandiflora*），圆锥花序大，顶生，长14～20cm，宽约14cm，放射状不孕花多，萼瓣4，全缘，白色，后变紫色或黄色。

大花圆锥绣球

弗吉尼亚鼠刺

拉丁名：*Itea virginia* ‘Fusean’

别名：鼠刺、弗森虎耳　　**科属**：虎耳草科鼠刺属

原产地：原产于东亚及东南亚地区。黄河流域以南均可露天栽培。

半常绿丛生灌木。花盛开时，串串密生的白花在绿叶映托下越发清丽淡雅；秋冬叶片红色，观赏性极强。适合列'植于树林边缘或做彩色树篱，也可用做墙基绿化的植材，或作为其他植物造景的背景材料。喜光，耐半阴，耐寒，适应性强，较耐盐碱，耐霜冻。喜疏松、肥沃、排水良好的酸性或微酸性土壤。根系发达，耐修剪，萌芽性强，易造型。秋季在日照差达到10℃以上时，秋叶开始转为红色。

形态特征：枝条拱形，小枝下垂。叶互生，长圆形、倒卵形或椭圆形，基部全缘，其余部分边有细锯齿，羽状脉，侧脉在上面凹陷。总状花序顶生，长5～15cm；花白色至浅黄色，有蜂蜜之香味。花期3～4月。

山梅花

拉丁名：*Philadelphus incanus*

别名：土常山　　**科属**：虎耳草科山梅花属

原产地：原产于我国秦岭山脉一带。现各地均有栽培。欧洲及美洲均有引种。

落叶从生灌木。枝叶茂密，花多朵聚集，乳白而清香，颇为美丽。宜丛植、片植于草坪、山坡、林缘地带。在古典园林中于假山石旁点缀，尤为得体。亦可作自然式花篱或大型花坛之中心栽植材料。喜光，喜温暖，也耐寒，耐热，怕水涝。适应性强，对土壤要求不严，生长速度较快。最适和中原地区生长、栽培。花开于去年生枝条上，修剪应在花后进行。

形态特征：高达 3～5m。树皮褐色，薄片状剥落。叶卵形至卵状长椭圆形，长 3～10cm 不等，缘具细尖齿，表面疏生短毛，背面密生柔毛。花白色，5～11 朵组成总状花序。花期 5～7 月。

大花山梅花

太平花

太平花

大花山梅花

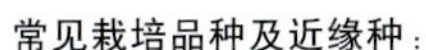

常见栽培品种及近缘种：

①太平花（*P. pekinensis*），小枝光滑无毛，叶卵状椭圆形，三出脉，缘疏生小齿，叶柄带紫色。花乳白色，有清香，花期6月，果熟期9～10月。

②欧洲山梅花（*P. coronaries*），树冠扩展，叶卵形或狭卵形，具浅锯齿，总状花序顶生，花香，乳白色，夏初开放。

③金叶欧洲山梅花（*P. coronarius* 'Aureus'），叶色在光线充足时为金黄色。

④大花山梅花（*P.* 'Natchez'），枝具白髓；叶亮绿色，较一般山梅花宽大；花纯白色，单瓣，单生于枝顶；春季和夏季各开1次花，花期长，花大，花径达5～7cm。

⑤东北山梅花（*P. schrenkii*），叶片卵形或狭卵形，边缘疏生小锯齿。花序具5～7花，芳香，花梗长6～13mm。

欧洲山梅花

金叶欧洲山梅花

欧洲山梅花

海桐

拉丁名：*Pittosporum tobira*
别名：山矾花、七里香　　**科属**：海桐花科海桐花属

原产地：我国原产于江苏南部、浙江、福建、台湾、广东等地。日本及朝鲜有分布。

常绿灌木或小乔木。叶有光泽，花开时香气袭人。适应性强，萌芽力强，耐修剪，对二氧化硫等有毒气体有较强的抗性，为最常见的建筑物门旁对置植物之一，通常修剪成大圆球形。亦可作路边高绿篱，或点缀于庭院中。盆栽可装饰内室或客厅。喜光，亦较耐阴，喜温暖、湿润的海洋性气候。对土壤要求不严，黏土、沙土、偏碱性土及中性土均能适应。

形态特征：高达 3 m。枝叶密生。单叶互生，有时在枝顶呈轮生状；叶多数聚生枝顶，厚革质，狭倒卵形，全缘，先端钝圆或内凹，边缘常略外反卷，表面亮绿色。聚伞花序顶生；花白色或带黄绿色，芳香。蒴果近球形，有棱角。种子鲜红色，有黏液。花期 5 月；果熟期 9～10 月。

其他用途：根、叶和种子均入药。

蜡瓣花

拉丁名：*Corylopsis sinensis*

别名：一串黄、连核梅、连合子　　科属：金缕梅科蜡瓣花属

原产地：原产于我国长江以南、横断山以东各地。

落叶灌木。枝叶繁茂，清丽宜人。春季先叶开花，花序累累下垂，光泽如蜜蜡，色黄而具芳香；秋叶转黄，稍染紫晕，非常美丽。适合配植于庭园内角隅，或与紫荆、碧桃混植相互衬托共显春色。亦可盆栽观赏。花枝可作瓶插材料。暖温带树种，喜光，也耐阴，较耐寒，喜温暖、湿润。喜富含腐殖质的酸性或微酸性土壤。萌蘖力强。能天然自播繁殖。

形态特征：叶互生，卵形或倒卵形，先端短尖，基部斜心形，边缘为波状小齿牙。总状花序下垂；花黄色，有香气。蒴果卵圆形。种子黑色，有光泽。花期3～4月；果期9～10月。

小叶蚊母树

拉丁名：*Distylium buxifolium*
科属：金缕梅科蚊母树属

原产地：原产于我国长江流域及以南地区，常生于山间溪流旁、谷地及低湿地带。

常绿小灌木。嫩梢及新发幼枝暗红色，叶表深绿色；花丝深红色，具极佳的观赏效果。生长速度快，萌芽力强，耐修剪，一年多次抽稍，易形成紧密的树冠，通过整形修剪，可培育成小型球状或多种形态，为当前广泛应用的园林绿化色块植物新秀；亦可培育成小型盆景置于庭院。喜光，也耐阴，耐高温，又可耐－8～－12℃的低温，耐旱，抗烟尘，耐瘠薄。具较强的抗盐碱能力，在土壤pH值9.5，含盐量0.6%以下时，仍能生长良好。耐水湿，连续浸水30天，仍能正常生长，根系十分发达。

形态特征：嫩枝细，无毛或稍被柔毛，芽被褐色柔毛。叶柄长不及1mm；叶革质，倒披针形或长圆状倒披针形，长3～6cm，先端尖。穗状花序腋生，长1～3cm，花序轴被毛。果被星状绒毛。花期2～5月。

蚊母树

拉丁名：*Distylium racemosum*
别名：蚊子树　　科属：金缕梅科蚊母树属

原产地：我国原产于长江以南的东南沿海各地。朝鲜半岛及日本有分布。

常绿乔木或灌木。栽培常呈灌木状。枝叶密集，叶色浓绿，春天开美丽的小红花，可丛植或片植于路旁分隔空间，或于点缀庭前草坪上、大树下，作为其它花木之背景效果亦佳。加之抗性强，侧枝亦发枝，极适合造型，是城市及工矿区绿化的良好树种。尤其是制作树桩盆景的优良材料。喜光，亦耐阴，喜温暖、湿润气候，较耐寒。对土壤要求不严。耐修剪，发枝力强。抗污染力强。

形态特征：侧枝的延长枝长势强，常使树冠不规整。嫩枝及裸芽被垢鳞。单叶互生；革质，椭圆形或倒卵形，先端钝或略尖，全缘，常有虫瘿。总状花序，雌雄花同序。果卵形，端有 2 宿存花柱。花期 4～5 月；果熟期 10 月。

金缕梅

拉丁名：*Hamamelis mollis*

别名：木里仙、牛踏果　　**科属**：金缕梅科金缕梅属

原产地：原产于我国长江以南湖南、湖北、浙江、安徽、江西、广西等地的中山地区。

落叶灌木或小乔木。叶形美丽，尤以，花开芳香更为可贵。先花后叶，花色似蜡悔，黄色细长花瓣宛如金缕，缀满枝头，十分惹人喜爱，故称为金缕悔。是早春重要观花树木，适于孤植于庭园一隅，或植于池边、溪畔及树丛边缘。花枝可作切花瓶插；也是制作盆景的好材料。喜光，耐半阴，喜温暖、湿润气候，较耐寒。对土壤要求不严，喜生长于富含腐殖质的山林中。

形态特征：高可达9m。裸牙有柄。叶互生，宽倒卵形，长8～15cm，顶端急尖，基部心脏形不对称，边缘有波状齿，表面粗糙，背面有密生绒毛；半圆形托叶明显。头状或穗状花序腋生、短，具数朵金黄色小花；花两性，有香味，花瓣4片，狭长如带，长1.5～2cm，淡黄色，基部带红色，芳香；萼背有锈色绒毛。2～3月先叶开花；10月果熟。

其他用途：根、叶、花、果入药。有舒缓、收敛、抗菌的效果。

檵木

拉丁名：*Loropetalum chinensis*

科属：金缕梅科檵 木属

原产地：我国原产于长江以南至北回归线以北的广大地区。日本及印度也有分布。

灌木或小乔木。枝繁叶茂，树态多姿，花形独特，且栽培品种四季有花，可与其它品种搭配组成优美的色块，是我国南方公园、庭院、道路美化常用的优良灌木树种。木质柔韧，耐修剪、蟠扎，也是制作树桩盆景的好材料。喜光，稍耐阴，但阴时叶色容易变绿，适应性强，耐旱、耐瘠薄，喜温暖，耐寒冷。适宜在肥沃、湿润的微酸性土壤中生长。萌芽力和发枝力强，耐修剪。

形态特征：高可达12m，胸径可达30cm。小枝有锈色星状毛。叶革质，卵形，顶端锐尖，基部偏斜而圆，全缘，下面密生星状柔毛；叶柄长2～5mm。苞片线形，萼筒有星状毛，萼齿卵形；花瓣白色，线形，长1～2cm；雄蕊4，花丝极短，退化雄蕊与雄蕊互生，鳞片状。蒴果褐色。种子长卵形。花期5月；果期8 月。

常见栽培变种：

红花檵木（*L. chinensis* var. *rubrum*），为檵木的变种。嫩叶淡红色，越冬老叶暗红色。花4～8朵簇生于总状花梗上，花瓣4枚，淡紫红色，带状线形。其栽培品种很多。

贴梗海棠

拉丁名：*Chaenomeles speciosa*

别名：铁脚海棠、铁杆海棠、皱皮木瓜、川木瓜、宣木瓜

科属：蔷薇科木瓜属

原产地：我国原产于秦岭以南的西部及西南部地区，现全国各地均有栽培。缅甸有分布。

落叶灌木。花色多样，有朱红、桃红、月白等色，还有些品种的颜色粉白相间，再加上它的花瓣光洁剔透，非常美丽，是良好的观花、观果花木。多于庭园草坪孤植或于路旁、长廊旁与连翘、棣棠等它色花木搭配列植；也可作绿篱。它的枝干黝黑，弯曲如铁丝，非常符合古人的审美情趣，是制作传统盆景的上好材料。喜光，较耐寒，不耐水淹。不择土壤，但喜肥沃、深厚、排水良好的土壤。

形态特征：高达 2m。小枝无毛，有刺。叶片卵形至椭圆形。花簇生；红色、粉红色、淡红色或白色；花柱 5，基部合生，无毛。梨果球形或长圆形，长约 8cm，干后果皮皱缩。花期 3～4 月；果期 10 月。

多彩贴梗海棠

白花贴梗海棠

毛叶木瓜

毛叶木瓜

毛叶木瓜

同属常见栽培近缘种：

①毛叶木瓜（*C. cathayensis*），别名木瓜海棠、木桃；叶长圆状披针形；4 月开花，花 2～6 朵簇生于二年生枝上，花梗粗短，花瓣猩红色或淡红色。

②日本木瓜（*C. japonica*），别名倭海棠；矮灌木，枝条广开；叶片倒卵形、匙形至宽卵形，先端圆钝；花 3～5 朵簇生，花梗短或近于无梗，花砖红色。

日本木瓜

日本木瓜

毛叶木瓜

日本木瓜

平枝栒子

拉丁名：*Cotoneaster horizontalis*
别名：栒刺木　　**科属**：蔷薇科栒子属

原产地：原产于我国长江中游及以南的温暖地区，散生于海拔2000～3500m的灌木丛中、密林间、岩石旁、溪水畔等。尼泊尔有分布。

半常绿灌木。植株低矮，花初夏开放，粉花和绿叶相衬，柔媚可爱；深秋时节，叶色变红，分外显眼；果实鲜红，经冬不落，在园林中是布置斜坡的优良地被材料，在草坪旁、溪水畔点缀，和假山叠石相伴，相互映衬，别有情趣。也可做基础种植或制作盆景。喜光，也稍耐阴，喜空气湿润，亦较耐寒，但不耐涝。耐土壤干燥、瘠薄。

形态特征：高约50cm。小枝成两列。叶小，厚革质，近圆形或宽椭圆形，先端急尖，长约0.6～1.2cm。花小，粉红色，瓣直立，倒卵形，长0.5～0.8cm。果小，近球形，经冬不落。花期5～6月；果熟期10月。

同属常见栽培种：

①匍匐栒子（*C. adpressus*），半常绿灌木；匍匐生长，株高约30cm，枝条较硬，不规则分枝，节位生根；叶宽卵形或倒卵形，叶面暗绿；花色粉红；花期6 月。

②矮生栒子（*C. dammerii*），常绿灌木；枝条匍匐地面，多有不定根；叶上面光亮无毛，叶脉下陷，下面微带苍白色；花常单生，白色；果实鲜红色。

③亮叶栒子（*C. nitidifolius*），落叶灌木；高1～2m，枝条开展；聚伞花序，花粉红色，3～15 朵簇生；果实棕红色。

白鹃梅

拉丁名：*Exochorda racemosa*

别名：金瓜果，茧子花，羊白花　　**科属**：蔷薇科白鹃梅属

原产地：原产于我国河南、江西、安徽、江苏、浙江等地。我国华北、华中、华东各地均有栽培。

落叶灌木。叶片光洁；花较大，开时洁白如雪，光彩照人，是良好的春季观赏花木，适于在草坪、林缘、路边、假山、庭院角隅作为点缀树种。老树古桩是制作树桩盆景的材料。喜光，也稍耐阴，喜温暖、湿润的气候，较耐干燥、瘠薄，抗寒力强，萌蘖性强。对土壤要求不严，酸性、中性土壤都能生长，在排水良好，肥沃而湿润的土壤中长势旺盛。

形态特征：高可达3～5m。小枝圆柱形。单叶互生，长椭圆形至长圆状倒卵形，先端圆钝，全缘。顶生总状花序；具花6～10朵，白色，直径可达3.5cm，花瓣5，倒卵形，基部有短爪。蒴果具5棱脊。花期4～5月；果期8～9月。

同属常见栽培种：

①红柄白鹃梅（*E. giraldii*），原产河北、河南、山西、四川及四川以东的长江流域各地；叶柄常呈红色，较长，可达1.5～2.5cm。花大，花径可达5cm，总状花序花梗极短，花瓣基部有长爪，朵朵簇生，犹如花上开花，独特、秀美。

②绿柄白鹃梅（*E. giraldii* var. *wilsonii*），原产安徽、浙江、湖北、四川；叶柄绿色长1～2cm，叶片椭圆形至长圆形，有时具锯齿；花大，直径达5cm。

重瓣棣棠

棣棠

拉丁名：*Kerria japonica*

别名：黄度梅、蜂棠花、清明花、地棠、黄花榆叶梅　　**科属**：蔷薇科棣棠属

原产地：我国原产于黄河以南，南岭以北的广大地区。日本、朝鲜半岛也有分布。现各地广为栽培，北京地区可露地越冬。

落叶丛生小灌木。常于路旁、草坪边缘成行栽成花丛；或点缀于建筑物旁、水畔、林缘、假山旁；也可以作花篱。较耐阴，喜温暖、湿润的气候，不甚耐寒，耐旱力较差。对土壤要求不严，在肥沃、疏松的沙壤土上生长最好。重瓣棣棠不能结实，必须采用扦插、分株繁殖。

形态特征：高1～2m。枝条终年绿色。单叶互生，叶卵形或三角状卵形，先端渐尖，基部截形或近圆形，边缘有锐尖重锯齿。花单生于当年生侧枝顶端，金黄色，直径3～4.5cm。花期5～6月；果期7～8月。

常见栽培变型：重瓣棣棠（*K. japonica* var. *plenifiora*），花瓣极多，雌雄蕊均瓣化。

其他用途：花可药用。

重瓣棣棠

中华绣线梅

拉丁名：*Neillia sinensis*

别名：华南梨　**科属**：蔷薇科绣线梅属

原产地：原产于我国黄河以南的中西部地区及华南西部地区。生于海拔200～3000m山坡、山谷、河岸、沟边、杂木林内或灌丛中。

落叶灌木。花色美丽，为夏季观花植物，适于庭园引种，草坪边缘成丛栽培或作绿篱。性喜湿润、冷凉环境，目前栽培应用很少，为有潜力的园林苗木。

形态特征：高达2m。小枝无毛。叶片卵形至卵状长椭圆形，先端长渐尖，边缘具重锯齿，常不规则分裂。总状花序顶生，长4～9cm；萼筒圆桶状，外面无毛；花淡粉色。花期5～6月；果期8～9月。

红叶石楠

拉丁名：*Photinia × fraseri*

科属：蔷薇科石楠属

原产地：红叶石楠为对光叶石楠（*P.glabra*）及光叶石楠与石楠（*P.serrulata*）的杂交种的园艺品种的统称。原种产我国长江流域及以南地区。亚洲东部和东南部、北美洲的亚热带和温带地区也有分布。

常绿小乔木或丛生灌木。新梢及嫩叶鲜红色，在直射光照下，色彩更为鲜艳。有些优良品种红叶时间长达 3～4 个月。花白色。梨果红色，可持续挂果到翌年春。喜光，耐阴，耐低温、耐高温，喜湿润环境，耐干旱。在微酸、微碱、中性和排水良好土壤中均生长良好。病虫害较少。在全荫蔽条件下，叶色转变成绿色。生长速度快，萌芽力强，极耐修剪。

形态特征：自然状态下，株高可达 5～12m。枝叶密集，单叶轮生，披针形，叶较厚，呈革质，有光泽，叶缘锯齿明显。新梢和新叶鲜红色，老枝叶深绿。顶生伞房圆锥花序，长10～18cm。小花白色，花期 4～5 月。

风箱果

拉丁名：*Physocarpus amurensis*
别名：托盘幌　　**科属**：蔷薇科风箱果属

原产地：我国原产于东北及河北。朝鲜北部及俄罗斯远东地区也有。

落叶灌木。叶、花、果均有观赏价值。夏季开花，花序密集，花色美丽；初秋果实变红，颇为美观。可植于亭台周围、丛林边缘及假山旁边；也可作路篱、镶嵌材料和带状花坛背衬。喜光，亦耐半阴，耐寒性强，耐粗放管理，要求土壤湿润，但不耐水渍。不择土壤。

形态特征：高达 3 m。小枝圆柱形，稍弯曲，幼时紫红色，老时灰褐色。叶片三角卵形至宽卵形，先端急尖或渐尖，边缘有重锯齿。花序伞形总状；花白色。蓇葖果膨大，卵形。花期 6 月；果期 7～8 月。

本属约 20 种，主产北美，中国仅产本种。常见栽培的还有：金叶风箱果（*P. opulifolium* 'Lutein'，为无毛风箱果的栽培变种），原产北美。叶三角形，具浅裂，先端尖，基部广楔形，缘有复锯齿，整个生长季节新梢 1～8 片叶一直是金黄色。

金叶风箱果

银露梅

金露梅

拉丁名：*Potentilla fruticosa*

别名：金老梅、金蜡梅　　**科属**：蔷薇科委陵菜属

原产地：北温带广泛分布。我国原产东北、华北、西北、西南各地。生于海拔1000～4000m 山坡草地、砾石坡、林缘灌丛。日本、蒙古、欧洲、北美洲也有分布。

落叶灌木。因花黄色，似梅而得名。植株紧密，花色艳丽，花期长，为良好的观花树种，可配植于岩石园，也可栽作绿篱。喜光，喜空气湿度高而凉爽的环境，耐寒，可耐－50℃低温，也耐干旱、瘠薄。喜微酸性至中性、排水良好的湿润土壤。栽培容易，管理粗放，宜于秋季落叶后早春放叶前进行修剪。

形态特征：株高约1.5m，树冠球形。分枝多，幼枝被丝状毛。羽状复叶集生，小叶长椭圆形至条状长圆形，全缘，边缘外卷。花单生或数朵排成伞房状；黄色。花期5～7月。

近缘种：

银露梅(*P. glabra*)，花瓣白色，国外有栽培，国内为野生。

重瓣榆叶梅

榆叶梅

拉丁名：*Prunus triloba*

别名：榆梅、小桃红、榆叶鸾枝　　**科属**：蔷薇科李属

原产地：我国原产于长江以北及浙江、江西等地。全国各地的大城市都有栽培。俄罗斯也有分布。

落叶灌木。是我国北方地区园林、庭院中常见的春季观花灌木。春季根据温度的回升早晚，与碧桃前后开放，枝短、花密，开花时呈半球形的植株全部布满色彩艳丽的花朵，美丽且壮观。有较强的抗盐碱能力。在园林或庭院中宜在苍松翠柏中丛植，或与连翘配植。也可盆栽或作切花。喜光，耐寒，耐旱，在华北及东北地区园林中栽培普遍，极易养护，对轻度碱土也能适应，不耐水涝。

形态特征：高 2 m 左右。小枝细，光滑、红褐色。单叶，互生，椭圆形，基部广楔形，先端三裂，边缘有粗锯齿。花单生或簇生，花梗短，紧贴生在枝条上；原始品种为单瓣，花瓣 5，初开多为深红，渐渐变为粉红色，最后变为粉白色。常见栽培的为重瓣品种，也有半重瓣品种。果红色，球形。花期 3～4 月。

截叶榆叶梅

截叶榆叶梅

重瓣榆叶梅

单瓣榆叶梅

重瓣榆叶梅

常见栽培品种：

①重瓣榆叶梅（f. *multiplex*），花红褐色，重瓣，花朵大，花朵多而密集，花萼10片以上，花萼和花梗均带有红晕。

②半重瓣榆叶梅（鸾枝）（var. *petzoldii*），小枝红褐色。叶片下面无毛。花粉红色，花萼、花瓣均10片以上。

③弯枝榆叶梅（‘Wanzhi’），花朵小，密集生在枝上，花色呈玫瑰紫红，半重瓣或重瓣，花萼10片。植株小枝呈紫红色，光滑，开花时间较其他品种早，花期长达10天左右。

④截叶榆叶梅（‘Jieye’），花粉色。叶的先端呈阔截形，近似三角形，耐寒力强，我国东北地区多见栽培。

半重瓣榆叶梅

郁李

拉丁名：*Prunus japonica*
别名：爵梅、秧李　　**科属**：蔷薇科李属

原产地：东亚分布种。我国原产于的东北、华北东部、华东东部。日本和朝鲜半岛有分布。

落叶灌木。桃红色、宝石般的花蕾，繁密如云的花朵，深红色的果实，都非常美丽可爱，是园林中重要的观花、观果树种。宜丛植于草坪、山石旁、林缘、建筑物前，或点缀于庭院路边，或与棣棠、迎春等其他花木配植，也可作花篱栽植。喜光，耐寒，抗旱，不怕水湿。对土壤要求不严，在肥沃、湿润的沙壤土中生长最好。

形态特征：高约2m。小枝纤细而柔软，冬芽极小，腋芽3个并生。叶卵形或宽卵形，少有披针状卵形，先端长尾状，基部圆形，边缘有锐重锯齿。花与叶同时或先叶开放；粉红色或近白色，直径约2cm，梗长5～12mm，2～3朵簇生。核果近球形，无沟，暗红色，光滑而有光泽。花期5月。

麦李

拉丁名：*Prunus glandulosa*

科属：蔷薇科李属

原产地：我国原产黄河以南各地。现广为栽培。

落叶灌木。花白色、桃红色，较郁李大，是初夏园林中重要的观花树种。宜丛植于草坪、山石旁、林缘、建筑物前，或点缀于庭院路边；也可作花篱栽植。喜光，耐寒，抗旱，不怕水湿。对土壤要求不严，在肥沃、湿润的沙壤土中生长最好。

形态特征：高约2m。小枝纤细而柔软。叶椭圆形或椭圆状披针形，先端急尖，缘具圆钝细锯齿，齿端具腺。花多重瓣，有白、红、紫红等色，花期较晚。核果球形，红色。

常见栽培品种：

①粉花麦李（f. *rosea*），花粉红色，单瓣。

②白花重瓣麦李（f.*albo-plena*），花白色，重瓣。

③粉花重瓣麦李（f.*senensis*），花粉红色，重瓣；秋天叶紫红、红色。

火棘

拉丁名：*Pyracantha fortuneana*
别名：火把果、救军粮、赤阳子、红子、豆金娘、水搓子
科属：蔷薇科火棘属

原产地：原产于我国黄河以南，偏西南地区。生于山地、丘陵地阳坡灌草丛中。国外已培育出许多优良栽培品种。

常绿灌木。枝叶茂盛，初夏白花繁密，入秋红果累累，具有较高的观赏价值，是一种极好的春季看花、冬季观果植物。园林中可装饰假山、岩石园；或在墙隅、草坪边、道路绿化带花境中布置；或用作绿篱。也可作盆景和插花材料。喜强光，耐干旱，耐贫瘠，适应性强，耐修剪，易萌发。黄河以南地区可露地越冬。

形态特征：侧枝短刺状。叶倒卵形，长1.6～6cm。复伞房花序，有花10～22朵；花白色。果近球形，橘红色至深红色。花期3～4月；果熟期9～10月。

细圆齿火棘

小丑火棘

火棘

同属常见栽培种及品种：

①细圆齿火棘（*P.crenulata*），叶长椭圆形至倒披针形，先端尖而常有刺头。

②窄叶火棘（*P.angustifolia*），叶背及总花梗、花梗、萼筒和萼片均密被灰白色绒毛，叶狭长而全缘；果实黄色。

③全缘火棘（*P. atalantioides*），又称银焰火棘。叶片多椭圆形，先端急尖，中部或近中部以下最宽，叶边全缘或有不明显锯齿，花序多被柔毛。

④小丑火棘（*P. fortuneana*'Harlequin'），春、秋两季嫩叶为白、黄、绿相间的花白色；夏季叶色以绿为主，叶缘略带嫩黄；冬季叶片渐变成粉红色，色彩柔和；入秋果红如火，是优良的观叶、观果树种。

⑤欧洲火棘（*P. coccinea*），枝条纤长，小叶长圆形至卵状披针形，全缘，果橘红色；较耐寒。

全缘火棘

窄叶火棘

欧洲火棘

月月红

绿萼

月季

拉丁名：*Rosa chinensis*

别名：长春花、月月红、斗雪红、瘦客　　**科属**：蔷薇科蔷薇属

原产地：原产我国，是栽培变种还是天然变种无考。我国传统采用无性芽变选育的品种繁多，许多已流失。

落叶灌木。喜光，喜温暖，耐寒、耐旱，适应性强，对土壤要求不严，以富含有机质、肥沃、疏松、排水良好、微酸性的沙壤土为最好。从春至秋，花开不断，一般气温在22～25℃最为适宜，夏季高温期有一定的休眠。

形态特征：小枝绿色，散生皮刺。叶互生；奇数羽状复叶，小叶通常3～5枚，椭圆或卵圆形，缘有锯齿；托叶与叶柄合生。花生于枝顶，花朵常簇生；花色甚多，品种万千，多为重瓣也有单瓣者，花有微香。花期4～10月。果成熟后呈红黄色。

自然变种：单瓣月季花（var. *spontanea*）、紫月季花（var. *semperflorens*），杆细，刺少，小叶稍薄，带紫色，花梗细长，深红色或深桃红色。

蔷薇属蔷薇亚属的花卉约有200种，具体又分为9组。月季为月季组；而玫瑰为蔷薇组。月季组共3种：月季、香水月季、亮叶月季。月季组花卉为培育现代月季和蔷薇属其他优良品种的重要亲本。

月月红

香水月季

拉丁名：*Rosa odorata*
科属：蔷薇科蔷薇属

原产地：稀有种。原产我国西南山地，模式标本采自云南。

落叶灌木。花朵大，花期长，颜色多样，鲜艳美丽，花香宜人。18 世纪引入欧洲，后成为培育蔷薇类花卉优良品种的重要亲本。喜光，耐半阴，喜夏天凉爽的气候。喜酸性的红壤。

形态特征：枝粗壮，无毛，有散生而粗短钩状皮刺。羽状复叶，小叶 5～9 枚，边缘有紧贴的锐锯齿。花单生或 2～3 朵集生，直径 5～8cm，芳香，原变种白色、淡黄或带粉红色，另有黄色、橘黄色、粉红色的变种。果扁球形。花期 6～9 月；果期 9～10 月。

野生变种：大花香水月季（*R. odorata* var. *gigantea*），花单瓣，乳白色，芳香，直径 8～10cm。粉红香水月季（*R. odorata* var. *erubescens*），花粉紅色、重瓣，直径 3～6cm。橘黄香水月季（*R. odorata* var. *pseudindica*），花黄色或橘黄色，直径 8 cm。

同组近缘种：亮叶月季（*R. lucidissima*），原产于我国湖北、四川、贵州。常绿或半常绿攀援灌木。小叶通常 3 枚，极稀为 5 枚，叶两面无毛，老时常呈紫褐色，上面颜色深绿，有光泽，下面苍白色。花单生，直径约 3cm，花瓣紫红色。果实梨形或倒卵球形，常呈黑紫色。花期 4～6 月；果期 5～8 月。

现代月季

拉丁名：*Rosa hybrida*
科属：蔷薇科蔷薇属

原产地：为多元杂交和反复回交形成的庞大品系。其植株基本保留了中国月季的特征。

现代月季是我国的月季、香水月季等花卉18世纪传入欧洲后，与其他国家的蔷薇类杂交和反复回交后培育出的优良品种。花朵大，颜色多样，鲜艳美丽，花香宜人，三季花开不断，多配合各色品种组成花境，或花篱。也可盆栽观赏。用作切花花材时称玫瑰，它与提炼香精的玫瑰为完全不同的种。喜光，也耐半阴，阳光不充足，开花不好，夏天温度过高时进入半休眠状态，秋季转良后复花。较耐寒，华北地区花期可延至阔叶树全部落叶时，北京地区可于室外向阳处露地安全越冬。对土壤要求不严，中性、微碱性、微酸性土壤均可，以富含有机质、肥沃、疏松、排水良好、微酸性的沙壤土为最好。施肥和修剪得当是保持其花开不断的技术关键。

形态特征：小枝绿色，散生皮刺。叶互生；奇数羽状复叶，小叶一般3～5枚，椭圆或卵圆形，缘有锯齿；托叶与叶柄合生。花单生于枝顶，多为重瓣，直径5～15cm，花色极其丰富。花期5～11月。

其他用途：为本属优良品种的重要亲本。18世纪输入英法后，受到极大重视，并利用与蔷薇类杂交和反复回交，培育出大量优良品种。藤本月季为以多花蔷薇为砧木嫁接的月季品系也很多。

多花蔷薇

拉丁名：*Rosa multiflora*

别名：野蔷薇、白残花、刺莉花　　**科属**：蔷薇科蔷薇属

原产地：我国原产于黄河流域及以南各地的平原和低山丘陵。朝鲜半岛、日本也有分布。

落叶半攀缘状灌木。花多，花中等大，变种及栽培品种甚多。为现代藤本月季的重要亲本或砧木。我国宅院亭园多见，用于花架、长廊、粉墙、门侧、假山石壁的垂直绿化。对有害气体的抗性强，也可用于基础种植。喜光，耐半阴，性强健，耐寒，耐瘠薄，忌低洼积水。对土壤要求不严，在黏重土中也可正常生长，但以肥沃、疏松的微酸性土壤最好。

形态特征：高1～2m，枝细长，上升或蔓生。托叶与叶柄合生，不脱落托叶边缘篦齿状分裂。奇数羽状复叶；小叶5～9枚，倒卵状圆形至矩圆形。伞房花序圆锥状，花多数；花白色，芳香，直径1.5～2cm；花柱伸出花托口外，结合成柱状，几与雄蕊等长，无毛。蔷薇果球形至卵形。

其他用途：根、叶、花、果可入药。

七姐妹

粉团蔷薇

常见栽培变种及近缘种：

①白玉堂（*R.multiflora* var. *albo-plena*），花白色，重瓣，常7～10朵簇生，直径2～3cm。

②七姊妹（*R. multiflora* var. *platyphylla*），花深红，重瓣，6～7朵呈扁平伞房花序状，直径3～4cm，叶较大，蔓性更强。

③粉团蔷薇（*R.multiflora* var. *cathayensis*），花粉红或玫瑰红色，单瓣，扁平伞房花序具花多朵，果红色。

④绣球蔷薇（*R. glomerata*），原产我国湖北、四川、云南、贵州等地；铺散灌木，有长匍匐枝，皮刺散生，基部膨大向下弯曲；小叶5～7枚，叶边缘有细锐锯齿，叶下面多少被毛；伞房花序，密集多花。

粉团蔷薇

白玉堂

黄刺玫

拉丁名：*Rosa xanthina*

别名：黄刺莓、破皮刺玫、刺玫花　　**科属**：蔷薇科蔷薇属

原产地：我国原产于东北、华北至西北地区，生于向阳山坡或灌木丛中。

落叶灌木。喜光，稍耐阴，耐寒力强，不耐水涝，耐干旱和瘠薄。对土壤要求不严，在盐碱土中也能生长，但以疏松、肥沃的沙壤土为佳。花芽多生于1～2年生枝上，修剪时需注意留嫩枝。

形态特征：高2～3m。小枝只有皮刺，无针刺或刺毛；皮刺基部宽大。小叶常7～13枚，近圆形或椭圆形，边缘有锯齿；托叶边缘有腺体。花无苞片，单生于叶腋，单瓣或重瓣，黄色，单瓣或兰重瓣。果近球形或倒卵形，萼片于花后反折。花期4～6月。

常见栽培近缘种：

①黄蔷薇（*R. hugonis*），原产我国山西及西北地区；近似黄刺玫，但小枝有皮刺和针刺；小叶在5～13枚；小叶下面无毛，叶边锯齿较尖锐；花直径比较大，4～5.5cm。

②山刺玫（*R. bella*），原产我国东北、华北地区；小枝及叶柄基部常有成对的皮刺，刺弯曲，基部大；羽状复叶，小叶5～7枚，边缘近中部以上有锐锯齿；花粉红色。

③法国蔷薇（*R. gallica*），原产中欧、南欧及西亚；老枝有皮刺，大小不一；羽状复叶，小叶3～5枚，叶边有单锯齿，稀混有少数重锯齿；花单生，粉红色或深红色，具香气。园艺品种很多，有重瓣及半重瓣者。

缫丝花

拉丁名： *Rosa roxburghii*

别名： 刺梨　　**科属：** 蔷薇科蔷薇属

原产地： 我国原产于江西、湖北、广东、四川、贵州、云南等地。

落叶或半常绿灌木。枝条密集。叶片纤小。花大色艳，结实累累，树体多刺，宜群植于林下或作花篱布置。喜光，稍耐阴，耐寒性稍弱。适应性强，对土壤的要求不严。

形态特征： 高约2.5m。小枝常有成对皮刺。小叶9～15枚，边缘有细锐锯齿，叶柄、叶轴疏生小皮刺。花1～2朵，淡红色或粉红色，重瓣、半重瓣，直径4～6cm；花柄、萼筒和萼片外面密生刺。蔷薇果扁球形，外面密生刺。花期5月。

常见栽培品种： 单瓣缫丝花（f. *normalis*），缫丝花变型，花为单瓣，粉红色。

其他用途： 果实富含维生素B、P、及C，生食或制蜜饯、酿酒，药用能解暑消食；根皮、茎皮含鞣质，提制栲胶；根药用；种子可榨油。

单瓣缫丝花

玫瑰

拉丁名：*Rosa rugosa*

别名：刺玫花、徘徊花、穿心玫瑰　　**科属**：蔷薇科蔷薇属

原产地：东亚分布种。我国原产于华北及西北西南的部分地区。日本、朝鲜有分布。许多国家广泛种植。

落叶灌木。色艳花香，宜作花篱、花境、花坛及坡地栽培，特别适合山地风景区结合水土保持大量栽种。喜光，耐寒，耐旱，不耐积水，喜凉爽而通风。适应性强，对土壤要求不严，在肥沃的中性或微酸性轻壤土中生长和开花最好。萌蘖力很强，生长迅速。

形态特征：枝杆多刺。奇数羽状复叶，小叶5～9枚，椭圆形，边缘有尖锐锯齿，叶脉下陷，表面多皱纹，托叶大部和叶柄合生。花单生或数朵聚生，花芳香，鲜艳，紫红色、粉红色至白色。栽培品种丰富，有单瓣、重瓣等等。果扁球形，熟时红色。

其它用途：鲜花可提取芳香油，用于高级香水、食品、化妆品。花瓣、花蕾可入药。是园林结合生产的好材料。

荼蘼花

拉丁名：*Rosa rubus*

别名：悬钩子蔷薇、重瓣蔷薇莓　　**科属**：蔷薇科蔷薇属

原产地：我国原产于陕西秦岭南坡以及湖北、四川、贵州、云南等地。多生于海拔 500～1300m 间的山坡、路边、草坡或灌丛中。

落叶小乔木或半常绿蔓生小灌木。枝梢茂密，花繁香浓，色香俱美，适合高架垂直绿化，也可作绿篱，或孤植于草地边缘。喜半阴，喜温暖、湿润气候，耐旱，怕涝。对土壤要求不严。

形态特征：茎攀缘，绿色、丛生，新枝及叶柄有刺。托叶与叶柄贴生，全缘。羽状复叶，小叶 5 枚，椭圆形至倒卵形，先端尖，边缘有粗锐锯齿，叶面皱纹。伞房花序，单瓣或重瓣，白色或浅黄，有芳香。果近球形，入秋后果色变深红。花期 4 ～5 月。

其他用途：果可生食或加工酿酒。根含鞣质，可提取栲胶。花可提炼香精油。

鸡麻

拉丁名：*Rhodotypos scandens*

别名：山葫芦子、白棣棠　　**科属**：蔷薇科鸡麻属

原产地：我国原产于辽宁、华北、西北及湖北、安徽、浙江等地。日本也有分布。

落叶灌木。花、叶清秀，适宜于角隅、池边或山石旁点缀，也可丛植于草地、路缘。喜光，耐半阴，喜温暖、阴湿环境，耐寒，忌涝。适生于疏松、肥沃、排水良好的沙质土壤。栽培中需于春季萌芽前修剪，调整株形。多以分株法繁殖。

形态特征：高约2m。单叶对生，卵形，长4～8cm，先端渐尖，基部圆形，边缘有尖锐重锯齿，表面幼时有毛，后无毛，背面有柔毛；叶柄长2～5mm。花单生新枝顶端，白色，径3～5 cm。核果黑色光滑。花期4～5月；果期6～9月。

东北珍珠梅

东北珍珠梅

珍珠梅

拉丁名：*Sorbaria kirilowii*

别名：华北珍珠梅　　**科属**：蔷薇科珍珠梅属

原产地：原产于我国华北及山东、河南、陕西、甘肃等地。

丛生落叶灌木。株丛丰满，枝叶清秀；尤其小花玲珑、洁白，花序秀丽，极耐端详。花期长，络绎不绝，又值夏季少花季节。宜丛栽于草地边缘、林缘、路旁或水边，也可栽成自然式绿篱，是北方城市园林绿化中适于背阴地栽植的少有的优良观花灌木。喜光，亦耐阴，耐寒，性强健，较耐干燥、瘠薄。不择土壤。生长迅速，萌蘗性强，耐修剪。

形态特征：高2～3m。奇数羽状复叶，小叶对生，6～10对，卵状披针形，长4～7cm，边缘有不规则锯齿或全缘。圆锥花序顶生或侧生，分支开展，花序较扁平，小花白色，蕾时如细小的珍珠，开时平面向上；雄蕊20，与花瓣等长或稍短。花期6～8月；果期9～10月。

常见栽培近缘种：东北珍珠梅（***S.sorbifolia***），又名山高粱、珍珠梅；小枝微被短柔毛；小叶5～9对，叶轴被短柔；毛总花梗和小花梗被星毛或柔毛；圆锥花序顶生，花序较圆，雄蕊40～50，长于花瓣。近观效果较珍珠梅略逊。主产东北地区。抗寒力强。

其他用途：茎皮、枝条和果穗入药。

东北珍珠梅

厚叶石斑木

石斑木

拉丁名：*Rhapniolepis indica*

别名：春花、雷公树、白杏花、报春花、车轮梅　**科属**：蔷薇科石斑木属

原产地：原产于我国长江以南及各地。生于海拔150～1600m山区的山坡、路边或溪边灌木林中。日本、老挝、越南、柬埔寨、泰国和印度尼西亚也有分布。

常绿灌木。枝叶密生，能形成紧密的圆形树冠，春天开花成簇，花朵美丽。适宜点缀草坪，最宜植于园路转角处，或作绿篱。也可盆栽。喜光，也耐半阴，喜高温、湿润多雨，耐寒，不耐旱，能抗强风，但耐盐性不佳。生长慢，年平均地径生长不足0.3cm。

形态特征：叶片集生于枝顶，长圆形，先端圆钝，边缘具细钝锯齿。顶生圆锥花序；花瓣5，白色或淡红色。果实球形，紫黑色。花期4月；果期7～8月。

常见栽培近缘种：厚叶石斑木（*R.umbellata*），叶片厚革质，长椭圆形、卵形或倒卵形，全缘或有疏生钝锯齿，密生褐色柔毛；花瓣白色，果实黑紫色带白霜。

厚叶石斑木

中华绣线菊

拉丁名：*Spiraea chinensis*
别名：铁黑汉条　　**科属**：蔷薇科绣线菊属

原产地：原产于我国除东北、新疆、青海、西藏等边缘地区外的大部分地区。生于海拔500～2000m的山坡灌丛中、山谷溪边、田野路旁。

落叶灌木。姿态优雅，花繁密，盛开时枝条全被小白花覆盖，形似一条条拱形玉带，错落有秩，观赏性极佳。适合用于花篱、花丛、花境，或配置于草坪、路边、斜坡、池畔。喜光，稍耐阴，耐寒。喜生于土层深厚、疏松、排水良好的沙质土壤中。

形态特征：高1.5～3m。小枝呈拱形弯曲，红褐色。叶片菱状卵形至倒卵形，边缘有缺刻状粗锯齿，下面密被黄色柔毛。伞形花序由去年生长枝上的芽发生，着生在短枝顶端，花序和蓇葖果被毛，花序有总梗，有花16～25朵，白色；雄蕊短于花瓣或与花瓣近等长。花期3～5月。

其他用途：根入药。

麻叶绣线菊

绣球绣线菊

常见栽培近缘种及变种：

①麻叶绣线菊（*S.cantoniensis*），叶片和花序均无毛，叶片菱状披针形至菱状长圆形，先端急尖，边缘自中部以上有缺刻状牙齿；花白色，伞形花序排列不呈带状。我国原产于华中及东南沿海一带；日本也有分布。

②绣球绣线菊（*S. blumei*），小枝呈拱形弯曲；叶片和花序均无毛；叶片菱状卵形，先端圆钝，缺刻状锯齿或3～5浅裂；花白色，繁密，伞形花序在枝条上呈带状排列。我国原产于辽宁以南，甘肃东部以东的广大地区；日本和朝鲜也有分布。

③李叶绣线菊（*S. prunifolia*），别名笑靥花，叶小，椭圆形至卵形，叶缘中部以上有锐锯齿。伞形花序由去年生长枝上的芽发生，着生在短枝顶端，无总梗，由3～6朵花组成；花白色，重瓣，花朵平展。花期3～5月。原产于我国长江流域的广大地区。日本、朝鲜也有分布。

单瓣笑靥花

李叶绣线菊

李叶绣线菊

④单瓣笑靥花（*S. prunifolia* var.*simpliciflora*），原产于长江中下游流域；花单瓣。

⑤珍珠绣线菊（*S. thunbergii*），别名喷雪花；枝条纤细呈弧形弯曲，小枝有棱角；叶条状披针形，边缘有锐锯齿，无毛。

珍珠绣线菊

单瓣笑靥花

珍珠绣线菊

单瓣笑靥花

粉花绣线菊

拉丁名：*Spiraea japonica*

别名：日本绣线菊　　**科属**：蔷薇科绣线菊属

原产地：原产日本和朝鲜半岛，我国华北南部及华东地区有引种栽培。

落叶灌木。花期夏季，花色娇媚，株叶清丽。适合于庭院中作花篱、丛植、花境，或布置草坪及小路角隅等处，或种植于门庭两侧。喜光，略耐阴，喜温暖、湿润气候，耐寒，耐旱，耐瘠薄。对土壤适应性强，在湿润、肥沃的土壤中生长更旺盛。

形态特征：枝开展，小枝光滑或幼时有细毛。单叶互生，卵状披针形至披针形，边缘具缺刻状重锯齿。花序为宽广、顶平的复伞房花序，生于当年生的长枝顶端，有总梗；花粉红色；花朵密集，密被短柔毛。花期6月。

常见栽培变种及近缘种：①尖叶粉花绣线菊（*S. japonica* var. *fortunei*），原产我国。叶椭圆状披针形至宽披针形，边缘有尖锐重锯齿，叶面有皱纹。②华北绣线菊（*S. fritschiana*），又名桦叶绣线菊、弗氏绣线菊。枝条粗壮，紫褐色具棱，叶片卵形或圆状卵形，缘具不整齐重锯齿或单齿，叶背具毛；花序无毛，花白色，未开前略带粉红，雄蕊数目与粉花绣线菊同。

尖叶粉花绣线菊

华北绣线菊

红果树

拉丁名：*Stranvaesia davidiana*

别名：红枫子、斯脱兰威木　　**科属**：蔷薇科红果树属

原产地：原产于我国秦岭以南地区。越南北部也有分布。

常绿或落叶灌木或小乔木。株形低矮，枝叶致密，自然成形，常披散伏地，秋叶朱红，鲜亮夺目，长达1个月之久，秋末红果累累，经冬不凋。可丛植、群植于疏林草地、草坪边缘、假山石旁、水景四侧。枝干曲虬多姿，可作树桩盆景；也是室内盆栽的上等材料。喜光，耐寒，耐干燥。不择土壤，在多种类型的土壤中均生长良好，对污染抗性强。

形态特征：高达10m。枝条密集，小枝粗，幼时密被长柔毛，后渐脱落。叶长圆形、长圆状披针形或倒披针形，先端急尖或突尖，全缘，上面中脉凹下。复伞房花序，具多花；花白色。果近球形，橘红色。花期5～6月；果熟期9月。

常见栽培变种：波叶红果树（*S. davidiana* var.*undulate*），常绿或落叶灌木，高30～80cm；叶缘波浪形，叶革质有光亮。

波叶红果树

波叶红果树

沙冬青

拉丁名：*Ammopiptanthus mongolicus*
科属：豆科沙冬青属

原产地：我国原产于内蒙古、甘肃、宁夏部分地区海拔1000～1200m的低山地带。

第三纪孑遗种，渐危种，是我国北方干旱半荒漠地区惟一的旱生常绿阔叶灌木。为我国西北干旱、寒冷、多风沙地区城乡绿化的乡土植物，可广泛应用于地被、道路两旁绿化及防护林地。超旱生植物，喜光，耐夏季炎热、冬季寒冷，耐干旱，抗风沙。自然生态下，常见于沙砾质土壤，或具薄层覆沙的砾石质土壤，不见于沙漠或石质戈壁。种子吸水力强，发芽迅速，出土整齐。

形态特征：多分枝，树皮黄色；幼枝密被灰白色平伏绢毛。叶为掌状三出复叶，少为单叶，小叶菱状椭圆形或卵形，两面密被银灰色毡毛。总状花序顶生，具花8～10朵，花冠黄色。荚果扁平，线状长圆形。4月中旬至5月中旬开花，7月下旬果实成熟。

其他用途：体内含有黄花木素、拟黄花木素等强生物碱。

紫穗槐

拉丁名：*Amorpha fruticosa*
别名：棉槐、椒条、棉条、穗花槐　　**科属**：豆科紫穗槐属

原产地：原产于美国和墨西哥。我国引种，全国各地广泛栽培。

落叶丛生灌木。根部的根瘤菌，可改良土壤，枝叶对烟尘有较强的吸附性，是黄河和长江流域很好的水土保持植物，可覆被地面和工业区绿化，常用作防护林带的下木。喜光，耐寒，耐旱，耐湿，耐盐碱，抗风沙、抗逆性极强，在荒山坡、道路旁、河岸、盐碱地均可生长。萌芽性强，根系发达，每丛可达20～50根。

形态特征：枝叶繁密，小枝有凸起锈色皮孔。叶互生，奇数羽状复叶，小叶11～25枚，卵形或狭椭圆形，全缘，叶内有透明油腺点。总状花序密集顶生或在枝端腋生。荚果弯曲，密被瘤状腺点，不开裂。花、果期5～10月。

其他用途：枝叶作绿肥；枝条用以编筐；果实含芳香油。叶、根与茎含紫穗槐甙、糖类；为蜜源植物。

金凤花

拉丁名：*Caesalpinia pulcherrima*

科属：豆科苏木属　　**别名**：黄金凤、蛱蝶花、黄蝴蝶、洋金凤

原产地：原产地不详，可能是北美洲的西印度群岛。我国云南、广西、广东、海南、台湾引种栽培。

常绿灌木。植丛半球形，树姿轻盈婀娜，花似彩蝶，花期长，在华南地区全年开花，花冠橙红色，边缘金黄色，十分艳丽，为园林花境优美树种。热带树种，喜光，不耐阴，喜高温、高湿的气候环境，较耐干旱，亦稍耐水湿，耐寒力较差，忌霜冻，越冬要求10℃以上。岭南地区一般年份可露地越冬；南岭以北只能盆栽，冬季入室。对土壤的要求不严，沙质土或黏重土均宜；排水良好、富含腐殖质的微酸性土壤最好。

形态特征：高可达3 m。枝上疏生刺。二回羽状复叶，小叶长椭圆形。总状花序开阔，顶生或腋生；花瓣具柄，黄色或橙红色；雄蕊长2倍于花冠，边缘呈波状皱折，有明显爪。荚果近长条形，扁平。

朱缨花

拉丁名：*Calliandra haematocephala*

别名：红合欢、美洲合欢、红绒球　　**科属**：豆科朱缨花属

原产地：原产于南美洲热带地区。现世界热带、亚热带地区广为栽培。我国广东、台湾、福建等地有栽培。

常绿灌木或小乔木。叶色亮绿，花色鲜红、似绒球状，甚是可爱，是一种观赏价值较高的花灌木。岭南园林中可做绿篱或点缀于林下。亚热带和温带地区可盆栽观赏，在上海地区温室内长势良好。喜光，喜温暖、湿润的环境，不耐寒，要求土层深厚且排水良好的酸性土壤。

形态特征：高约2m或更高。二回羽状复叶，羽片1到数对；小叶7～9对，斜披针形。头状花序腋生；花冠淡紫红色，花丝长约2　cm，深红色，花序直径5～6cm。花期夏季。

常见栽培近缘种：

①苏里南合欢（*C.surinamensis*），别名粉扑花、美蕊花；原产于南美洲的巴西、苏里南，20 世纪 50 年代引进我国；叶片为二回羽状复叶，呈分叉状，小叶 10～12 对，线状披针形，先端锐尖，基部钝而歪斜；花丝基部白色，上部粉红色；荚果扁平阔线形。广泛栽植于庭园、花坛。

②凹叶红合欢（*C.emargimats*），别名红粉扑花；原产墨西哥至危地马拉一带，20 世纪 70 年代引进我国台湾；为较矮小的灌木；二回羽状复叶具羽片 1 对，小叶各 3 枚，先端锐尖或凹头，有时呈浅二裂；整个花序均艳红色，总花梗长约 3 cm；花期 5～7 月。

红花锦鸡儿

锦鸡儿

拉丁名：*Caragana sinica*
别名：金雀花、土黄豆、粘粘袜、酱瓣子、阳雀花、黄棘
科属：豆科锦鸡儿属

原产地：原产于我国河北、陕西、河南、江苏、浙江、福建、江西、四川、贵州、云南等地。

落叶灌木。干似古铁；叶色鲜绿；开花时满树金黄。适合于做隔离带或绿篱栽植，或点缀于假山、岩石旁。亦可作盆景材料。喜光，耐旱，耐瘠，忌湿涝。根系发达，具根瘤。萌芽力、萌孽力均强，能自然播种繁殖。

形态特征：高可达2m。小枝细长有棱。偶数羽状复叶，在短枝上簇生，在嫩枝上单生，顶端硬化呈针刺；小叶2对，倒卵形，顶端一对常较大。春季开花；花单生于短枝叶丛中，蝶形花，黄色或深黄色。荚果稍扁，无毛。花期4～5月；果期8～9月。

其他用途：是良好的蜜源植物及水土保持植物。花、根可入药。

柠条锦鸡儿

红花锦鸡儿

常见栽培近缘种：

①红花锦鸡儿（*C.rosea*），原产于我国东北、华北、西北、华东及河南、四川等地，生于海拔1000m以下的山坡或沟谷；株高约1m；树皮绿褐色，小枝有棱；长枝上的托叶宿存，并硬化成针刺；叶假掌状，小叶4，楔状倒卵形；花冠黄色，基部紫红色或淡红色。

②树锦鸡儿（*C.arborescens*），原产于我国黄河以北地区；大灌木，高达7m；小枝有棱，具托叶刺；偶数羽状复叶有小叶4～8对；为我国北方水土保持和固沙造林树种，是城乡绿化中常用的花灌木，可孤植、丛植，也可作绿篱材料。

③柠条锦鸡儿（*C.korshinskii*），原产于我国内蒙古西部、陕西北部及宁夏等地；蒙古有分布。高1.5～5m；树皮金黄色，有光泽，小枝密被绢状柔毛；羽状复叶，具小叶12～16枚，两面密生绢毛；花单生，花冠黄色，蝶形；荚果披针形深红褐色；5月下旬至6月上旬开花。是荒漠、荒漠草原地带的优良灌木，目前园林中鲜见应用。抗逆性强，能耐低温及酷热，在－39℃低温下能安全越冬；在夏季沙地表面温度高达45℃时亦能正常生长。适合于我国西北地区城市中引种栽培。

树锦鸡儿

树锦鸡儿

翅荚决明

拉丁名：*Cassia alata*

别名：刺荚黄槐、翅荚槐、蜡烛花　　科属：豆科决明属

原产地：原产于美洲热带地区。现全世界热带地区广泛引种栽培；我国广东和云南南部地区有栽培。

多年生常绿灌木。苞叶、花芽与花瓣，具有同样鲜明的黄色，整个花序均可观赏，有较高的观赏价值，而且花期长达6个月。其金黄之花，给人以愉悦、亮丽、壮观之美。可丛植、片植于庭院、林缘、路旁、湖缘。喜光，耐半阴，喜高温、湿润气候，耐贫瘠，适应性强，但不耐寒，不耐强风，宜栽植于通风良好之地。

形态特征：株高1～3m。叶互生，偶数羽状复叶，叶柄和叶轴有狭翅，小叶倒卵状长圆形或长椭圆形。总状花序顶生或腋生，具长梗；花冠黄色。荚果带形，有翅。花期7月至翌年1月；果期10月至翌年3月。

其他用途：是重要的药用植物，作缓泻剂。种子有驱蛔虫之效。

双荚决明

拉丁名：*Cassia bicapsularis*
科属：豆科决明属

原产地：原产美洲热带地区，现全世界热带地区广泛栽培。

半常绿灌木。树姿优美，枝叶茂盛，花期长，花色艳。群植后在夏秋季节呈现一片金黄色，为美丽的观花树种。适合群植于庭园或用于公路两旁绿化，亦可作低矮花坛、花境的背景材料。喜光，耐干旱，较耐寒，在长江以南地区暖冬不落叶。喜疏松、排水良好的土壤，在肥沃的土壤中开花旺盛。

形态特征：株矮小，高1～3m。小叶3～4对，倒卵形或倒卵状长圆形，基部1对叶片叶轴上具有棍棒状腺体。花黄色，直径约2cm，雄蕊10枚，其中3枚退化无花药，7枚能育雄蕊中有3枚特长，高出花瓣，呈明显弯曲状；柱头也呈弯曲状，较雄蕊更长。荚果圆柱状，2个1组，悬挂枝顶。

伞房决明

常见栽培近缘种：

①伞房决明（*C.corymbosa*），原产美洲热带地区，现我国长江流域及以南地区广泛栽培。高2～3m。多分枝。偶数羽状复叶，小叶3～5对，叶长椭圆状披针形。总状花序集成伞房状，3～5朵腋生或顶生；花鲜黄色。荚果圆柱形。花期8～10月；果期10～11月。生长快，耐修剪。对土壤要求不严，在腐殖质较少的微酸性土壤中也能生长。较耐寒，在最低温度－5℃以上的地区均生长良好。

②黄槐决明（*C.surattensis*），原产于印度、斯里兰卡、东南亚及大洋洲。我国南方广泛栽培。高5～7m。分枝多，开散。偶数羽状复叶；小叶7～9对，长椭圆形或卵形；叶柄上有2～3枚棍棒状腺体。伞房状花序生于枝条上部的叶腋，花黄色或深黄色；能育雄蕊10，下方2枚花丝较长。荚果条形。

黄槐决明

鱼鳔槐

拉丁名：*Colutea arborescens*
别名：命子花、膀胱豆　　**科属**：豆科膀胱豆属

原产地：原产于地中海沿岸的北非及南欧。我国四川、云南有分布。辽宁、北京、山东、陕西、江苏等地有引种栽培。

落叶灌木。开花繁茂，花鲜黄色，美丽，可应用于花坛、花境中作陪衬植物，观赏性较高。喜光，耐寒，喜干燥、避风、向阳性强健，适应性强。对土壤要求不严，排水良好的环境。

形态特征：高达4m。羽状复叶，小叶9～13枚，椭圆形，端凹，有突尖。总状花序具花3～8朵，旗瓣向后反卷，有红条纹，翼瓣与龙骨瓣等长。荚果扁囊状，有宿存花柱。花鲜黄色。花期4～5月。

加拿大紫荆

紫荆

拉丁名：*Cercis chinensis*
别名：满条红　　**科属**：豆科紫荆属

原产地：原产于我国中部地区，在湖北西部，辽宁南部，河北，河南，广东北部，陕西、甘肃、云南、四川东部都有分布。

落叶乔木或灌木。先花后叶，花几乎贴生于干上，独特有趣。常孤植或点缀于庭院中、建筑物前及草坪边缘供观赏；也可用于花境。喜光，有一定的耐寒性。喜肥沃、排水良好的土壤，不耐淹。萌蘖性强，耐修剪。

形态特征：栽培时常呈灌木状。单叶互生，近圆形或三角状圆形，先端急尖，基部心形，全缘，叶脉掌状，有叶柄。花玫瑰红色，于老干上簇生或成总状花序，先于叶或与叶同时开放；两侧对称。荚果扁平，狭长椭圆形。花期3～4月。

常见栽培变型及近缘种：

①白花紫荆（*C. chinensis* f. *alba*），花白色。

②加拿大紫荆（*C. canadensis*），株高4～5m，新叶紫红色，到秋季叶色则为红色。花先于叶开放，4～10朵簇生成短的总状花序，老干、新枝、短枝均可着花。

白花紫荆

加拿大紫荆

耀眼豆

拉丁名：*Clianthus formosus*

别名：吉祥鸟、枭眼花　　**科属**：豆科耀花豆属

原产地：原产于澳大利亚。

常绿半匍匐状亚灌木。为新引进的地被植物，适合华南地区栽培。宜植于阳光充足、通风良好的温室。喜半沙漠环境，喜温暖、干燥气候及排水良好的沙质土壤。

形态特征：高60～90cm。叶片长7.5～18cm，小叶11～21枚，卵圆形至倒卵形。花4～6朵，着生于粗壮的花梗上，猩红色，鹦鹉嘴状。花期3月前后。

铺地木蓝

拉丁名：*Indigofera spicata*
别名：穗序木蓝、爬地蓝、九叶木兰　　**科属**：豆科木蓝属

原产地：我国原产于台湾、广东、云南等地。生于空旷地，竹园、路边潮湿的向阳处，海拔800～1000m。南亚、东南亚及热带非洲均有分布。

常绿亚灌木。为新兴的地被植物，尚未在城市绿化中广泛应用，发展前途广泛。喜光，喜温暖、湿润的气候。主根粗，侧根发达，浅生小根多，贴地蔓节生不定根，根系密生根瘤，生长迅速，1.5年龄苗的蔓幅可达5m宽，抗病能力较强，病虫害较少。

形态特征：茎单一或基部多分枝，枝直立或卧地生长，斜上升，茎蔓细韧，略扁园，基部灰褐上部青绿带红。奇数羽状复叶，小叶互生，一般3～4对。总状花序腋生，花冠红色。果细圆柱形，有4棱，长1～2cm。

胡枝子

拉丁名：*Lespedeza bicolor*

别名：二色胡枝子、扫条　　**科属**：豆科胡枝子属

原产地：我国原产于东北、华北、西北及湖北、浙江、江西、福建等地。蒙古、俄罗斯、朝鲜、日本也有分布。常生于林缘、或林边空地。

落叶灌木。枝叶繁茂，适应性强，为重要的边坡绿化材料。喜光，也耐阴，喜凉爽、湿润的气候，耐寒性强，无雪覆盖也能耐－28～－30℃的低温，根系发达，较耐干旱、瘠薄。对土壤要求不严格。为暖温带落叶阔叶林区及亚热带的山地和丘陵地带的优势种。最适合长江以北地区栽培、应用。

形态特征：高0.5～3m。分枝繁密。三出复叶互生，顶生小叶宽椭圆形或卵状椭圆形，侧生小叶较小。总状花序腋生，总花梗较叶长；花冠蝶形，紫色。荚果倒卵形，网脉明显。

其他用途：营养丰富，适口性好，为重要牧草之一。也是重要的蜜源植物。

石海椒

拉丁名：*Reinwardtia indica*
科属：亚麻科石海椒属

原产地：原产于我国湖北、福建、广东、广西、四川、云南、贵州等地。喜生于低海拔石灰性土壤中；在人工堆砌的墙垣、台坎上的含石灰的砌缝中生长良好。

常绿亚灌木。枝条光滑、柔软，初春，黄色花朵开满枝条，春风吹过时，随风起舞。花期可延续数月。在园林中可用于花境，在向阳处栽培作绿篱，或列植于园路边，点缀于草坪、庭院中。尤其可以作为岩石园或立壁垂直绿化的造景材料。喜阳光充足、通风良好、温暖的环境，不耐寒。宜肥沃、排水良好的土壤。

形态特征：高0.5～1m，全体无毛。茎直立或匍匐，圆柱形，柔软。叶互生；倒卵状椭圆形，顶具突尖，全缘或微具小圆齿。花黄色，单生或数朵簇生于叶腋与枝顶；花径约2.5cm，花梗细长；萼片5，披针形；花瓣4～5，远较萼片为长，下部连成管状；雄蕊5，下部联合，并与退化雄蕊5枚相间而生。蒴果较萼片为短，大如豌豆。花期春夏间。

其它用途：嫩枝、叶可入药。有消炎解毒、清热利尿的功效。

佛手

拉丁名：*Citrus medica* var. *sarcodactylis*

别名：九爪木、五指橘、佛手柑　　**科属**：芸香科柑桔属

原产地：野生原产地不详，为热带、亚热带植物。现长江以南各地均有栽培。

常绿小乔木或灌木。为香橼的变种，各营养器官形态与香橼无区别，子房在花柱脱落后，开始分裂，果实发育成手指条状。果实色泽金黄，挂果时间可达 3～4 个月，甚至更长。常作为盆栽观果植物。最适生长温度 22～24℃；越冬温度 5℃以上。喜光，亦耐阴，畏烈日，喜温暖、湿润，不耐严寒及干旱，耐涝。喜排水良好、肥沃、湿润的酸性壤土、沙壤土。

形态特征：植株有短而硬的刺。单叶互生；叶柄无翼叶，无关节；叶片革质，长椭圆形或倒卵状长圆形，边缘有浅波状钝锯齿。花单生，簇生或为总状花序；花瓣内面白色，外面紫色。柑果橙黄色，先端分裂成 5～13（或更多）条，似手指状，形如握拳，或张开。花期 4～5 月；果熟期 10～12 月。

其他用途：果皮和叶含有芳香油，为调香原料。根、茎、叶、花、果均可入药。

金柑

拉丁名：*Fortunella japonica*

别名：圆金柑、四季橘　　**科属**：芸香科金橘属

原产地：原产于我国浙江、福建、广东、海南及广西南部，海南现尚有野生种群；秦岭南坡以南各地普遍栽培，以盆栽为主。

常绿小乔木或灌木。盆栽观赏，在春节期间是人们最喜爱的观果植物之一。喜光，喜温暖、湿润气候，不耐严寒，不耐干旱，喜肥沃和排水良好的沙质壤土。

形态特征：高2～5m。高枝具刺。小叶卵状椭圆形或长圆披针形，顶端钝或短尖，叶柄有窄翅。果圆球形或宽卵形，直径1.5～2.5cm，两端中央微凹陷，橙黄或橙红色；果皮味甜，果肉酸或微甜，果味胜于金橘但次于金弹。

主要栽培品种：

四季橘（'Calamondia'），叶较短，椭圆形，顶端圆；果扁圆，直径3～4cm，两端中央凹陷；为主要的观果植物之一，南方各地普遍栽培，以广东佛山陈村所产最为著名。

金橘

拉丁名：*Fortunella margarita*

别名：金桔、金柑、金弹、公孙橘、牛奶柑、金枣、马水橘　　科属：芸香科金柑属

原产地：我国原产南岭以南地区，未见野生种。

常绿灌木或小乔木。枝叶繁茂，花色玉白，香气远溢；挂果时间较长，观赏价值极高。是极好的观果花卉，也宜作盆栽观赏及盆景。喜光，稍耐阴，喜温暖、湿润的环境，耐旱。耐寒性较金柑差，南岭以北少见栽培。要求排水良好，肥沃、深厚、疏松的微酸性砂质壤土。

形态特征：高 3m 以内。枝有刺，分枝多。叶片先端尖，披针形至椭圆形，全缘或具不明显的细锯齿，有散生腺点；小叶柄长 1cm 以上，有狭翅，与叶片连接处有关节。花两性，白色，芳香。果椭圆形或卵形，横径 1cm 以上，金黄色。

其他用途：柑果味道酸甜可口，南方暖地栽植作果树。果生食或制作蜜饯，入药能理气止咳。

主要栽培品种：金弹（'Chintan'），又称华美金柑，日本人称宁波金柑，叶较厚，浓绿；果近球形或阔卵形；果皮较厚，果皮和果肉均味甜，风味为本属之冠。

金弹

九里香

拉丁名：*Murraya exotica*
别名：千里香、月橘　　**科属**：芸香科九里香属

原产地：原产亚洲热带、亚热带地区。我国原产南岭以南各地。

常绿灌木至小乔木。在夏秋季开花，花朵繁多，花香幽远，故有"九里香""千里香"之称。四季青翠，枝叶繁密，颇耐修剪，宜作绿篱；常被修剪成方形、塔形、圆球形或杯形等，对植或点缀于公园、草坪等地，颇具观赏情趣。也可以做盆景。喜光，较耐阴，喜温暖、湿润环境，不耐寒。对土壤要求不严，喜深厚、肥沃、疏松、中性的沙质壤土。在我国华南地区可露地栽培；长江流域及以北地区盆栽，越冬室温不可低于5℃。

形态特征：5年左右成形，成年株高3～5m。分枝多，小枝无毛。奇数羽状复叶，互生；小叶3～9枚，互生，变异大，由卵形、倒卵形至近菱形，全缘。聚伞花序，腋生同时有顶生；花大而少，白色，直径达4cm；花瓣有透明腺点。浆果近球形，橙色至朱红色。花期7～10月；果熟期10月至翌年2月。

其他用途：花、叶、果均含精油，用于化妆品香精、食品香精等。叶可作调味香料。

鲁贝拉茵芋

茵芋

拉丁名：*Skimmia reevesiana*

别名：黄山桂、紫玉珊瑚　　**科属**：芸香科茵芋属

原产地：我国原产于北纬30°以南各地。菲律宾也有分布。

叶片翠绿光亮，花蕾红褐色，小花白色芳香，果鲜红色，为近年来兴起的，观叶、观花、观果俱佳的观赏花木。可作大中型盆栽，布置厅堂、门廊等处。在岭南地区，茵芋还可地栽，植于庭院等处观赏。原生于海拔较高，多云雾处林下，耐阴植物，喜温暖、湿润气候，不耐寒，要求肥沃、富含有机质、湿润和排水良好的酸性或微酸性土壤。我国以往作药用植物栽培，近年来开始应用于观赏。

形态特征：常绿灌木。小枝髓中空。单叶互生，常聚集于小枝顶端；叶片革质，狭长椭圆形，长7～11cm，全缘，有明显透明油腺点。聚伞状圆锥花序顶生，花两性，白色，芳香。核果鲜红色，长圆形或近圆形。

同属常见栽培种：乔木茵芋（*S. arborescens*）、鲁贝拉茵芋（*S. japoniac* 'Rubella'）。

乔木茵芋

米兰

拉丁名：*Aglaia odorata*
别名：米仔兰、树兰　**科属**：楝科米兰属

原产地：原产亚洲南部，广泛种植于世界热带各地。我国原产于广东、广西等地；浙江、福建、广东、广西、四川、云南有栽培。

常绿灌木或小乔木。花期很长，以夏、秋两季开花最盛；枝叶茂密，花香似兰，我国长江以南地区常见盆栽陈列于客厅门廊。岭南地区可植于庭院，是极好的绿化观赏花木。喜半阴，光照过强或不足都不利于开花，喜温暖，对低温十分敏感，很短时间的零下低温就能造成整株死亡，喜空气湿润，不耐干旱。对土壤的要求尤其严格，以富含腐殖质、肥沃、微酸性的沙质壤土为宜。在北方地区居室内盆栽，往往由于空气干燥和自来水硬度过高而落叶、死亡。

形态特征：高可达5m左右，盆栽呈灌木状，高不过1m。分枝多，树冠整齐。奇数羽状复叶，互生，小叶3～7枚；小叶片倒卵圆形，全缘，叶面深绿色，有光泽。小型圆锥花序生于枝端叶腋；花小，黄色。

一品红

拉丁名：*Euphorbia pulcherrima*

别名：象牙红、老来娇、圣诞花、圣诞红、猩猩木　**科属**：大戟科大戟属

原产地：原产于中美洲，广泛栽培于世界热带和亚热带地区。我国各地均有盆栽观赏。

常绿灌木。花期长，正值圣诞、元旦、春节开花，盆栽布置室内环境可增加喜庆气氛，也适宜布置会议等公共场所。华南地区可露地栽培，美化庭园。还可作切花。喜光，强光直射及光照不足均不利于生长，不耐低温，越冬室温不能低于5℃，以16～18℃为宜，对水分要求严格，喜湿润，但忌积水。对土壤要求不严，以微酸性、肥沃、湿润、排水良好的砂质壤土最好。为典型的短日照植物。

形态特征：高50～300cm。茎叶含白色乳汁。茎光滑，嫩枝绿色，老枝深褐色。单叶互生，卵状椭圆形，全缘或波状浅裂，有时呈提琴形，顶部叶片较窄，披针形；叶被有毛，顶端靠近花序之叶片呈苞片状，开花时红色，为主要观赏部位。花杯状，聚伞状排列，金黄色。自然花期12 月至翌年 2 月。栽培品种有白色及粉色苞片状叶片的。

肖黄栌

拉丁名：*Euphorbia cotinifolia*
别名：紫锦木、红乌桕　　**科属**：大戟科大戟属

原产地：原产于美洲及非洲热带地区。全世界热带地区引种栽培。我国南方近年引种栽培。

半常绿灌木或小乔木。枝、叶四季暗红色，色彩灿烂，淡黄色花苞玲珑可爱，在园林中适合片植或作绿篱，也可作观叶或盆栽植物。喜光，喜温暖至高温、湿润气候，耐干旱、瘠薄，怕水渍。对土壤要求不严，喜沙质土。

形态特征：高2～3m，盆栽时株高1～1.5　m。植物体有乳汁。树冠圆整，分枝颇多，嫩枝暗红色，稍肉质，着叶处稍肥，具腺点。叶互生，宽卵形或卵圆形，两面均为暗红色。杯状聚伞花序顶生或腋生，细小，花瓣状总苞淡黄色。春、夏、秋三季均可开花。

虎刺梅

拉丁名：*Euphorbia milii* var. *splendens*
别名：黄苞铁海棠、麒麟刺、虎刺、番刺梅、麒麟花
科属：大戟科大戟属

原产地：原产非洲马达加斯加岛。

直立或稍蔓性小灌木。枝端开出鲜红、玫红的小花。花期长，花色鲜艳，形姿独特，栽培容易，南方可四季开花。主要作刺篱，或造型观赏。盆栽为宾馆、商场等公共场所摆设的精品。喜光，喜温暖、湿润，耐高温，不耐寒，越冬温度不可低于12℃。栽培土壤以疏松、排水良好的腐叶土为最好。

形态特征：株高1～2m。体内有白色浆汁。多分枝，茎和小枝有棱，密被锥形尖刺。叶片密集着生新枝顶端、倒卵形，叶面光滑、鲜绿色。花有长柄，有2枚红色苞片。蒴果扁球形。花期冬春季。

小花虎刺梅

细裂佛肚树

佛肚树

拉丁名：*Jatropha podagrica*

别名：珊瑚油桐、玉树珊瑚　　**科属**：大戟科麻疯树属

原产地：原产中美洲及西印度群岛等阳光充足的热带地区。我国引入为室内盆栽已久。

多肉常绿小灌木。株形奇特，栽培容易，是室内盆栽的优良花卉。在岭南地区亦可庭园栽培，也可做园景树。喜光，不耐阴，喜温暖、干燥气候，生性强健，生长适温26～28℃，低于10℃则易落叶但仍能开花。

形态特征：株高40～50cm，茎干粗壮，茎端两歧分叉，肉质，中部膨大，呈卵圆状棒形；茎皮粗糙。盾形叶6～8枚簇生于枝顶，叶背粉绿色。聚伞花序顶生，长约15cm，多分枝，鲜红色，似珊瑚一样；花瓣矩圆状倒卵形，橘红色。蒴果椭圆形。

黄杨

拉丁名：*Buxus sinica*

别名：小叶黄杨、锦熟黄杨、黄杨木、瓜子黄杨　　**科属**：黄杨科黄杨属

原产地：原产于长江流域及以南各地。全国各地广泛栽培，华北地区，植于背风向阳处的可安全越冬。

常绿灌木或小木乔木。树姿优美，叶小如豆瓣，质厚而有光泽，四季常青，可终年观赏。适应范围广生长慢，萌芽力强，耐修剪，易成型。为城市中最常见的绿篱植物之一，也用于大型花坛镶边，或修剪成球形或其他几何形散植于绿地中、列植于路边；也可点缀山石或制作盆景。喜半阴，喜温暖、湿润气候，耐热，也耐寒，对土壤pH要求不严，在酸性、中性、碱性土壤中均能生长，以轻松、肥沃的沙质壤土为佳，耐碱性较强。

形态特征：高1～6m。小枝有短柔毛。叶革质，对生；倒卵形或倒卵状长椭圆形，至宽椭圆形，长1～3 cm，中部或中部以上最宽。头状花序腋生；小花黄绿色，密集，雌花生于花序顶部。蒴果球形。

尖叶黄杨

雀舌黄杨

常见近缘种及品种：

①雀舌黄杨（*B.harlandii*），原产于长江流域及以南各地。常绿矮小灌木。分枝多而密集，成丛。叶形较长，叶倒披针形、长圆状倒披针或倒卵状匙形，长2～4cm，先端钝尖或微凹。常用于绿篱、花坛和盆栽，修剪成各种形状，是点缀小庭院和入口处的好材料。

②尖叶黄杨（*B.sinica* subsp.*aemulans*），原产于长江流域及以南各地。常绿灌木或小乔木。叶对生，厚革质，深绿色有光泽，椭圆状披针形或披针形，长2～3.5cm，宽1～1.3cm，两端均渐尖，顶尖锐或稍钝。

③小叶黄杨（*B. sinica* var. *parvifolia*），原产于安徽、浙江、江西、湖北等地。为黄杨的天然变种。树高0.5～1 m。枝条密生，枝四棱形。叶对生，薄革质，全缘，椭圆或倒卵形，长7～10mm，宽5～7mm，先端圆或微凹，侧脉明显凸出。花簇生叶腋或枝端；黄绿色，无花瓣，有香气，4～5月开放。蒴果卵圆形，9～10月成熟。是制作盆景的优良材料。

小叶黄杨

雀舌黄杨

清香木

拉丁名：*Pistacia weinmannifolia*
别名：对节皮、昆明乌木、细叶楷木、香叶树、清香树、紫油木
科属：漆树科黄连木属

原产地：我国原产于西藏东部、云南南部、四川、贵州及广西等地，生于海拔1 300～2300m 的干热河谷地带。缅甸有分布。

常绿灌木或乔木。树形美观，气味清香，嫩叶呈红色，精致；挂果期长，果紫红色。可用于公园、花园绿化及插花切枝。喜光，稍耐阴，喜温暖，较耐寒，植株能耐－10℃低温。喜土层深厚、排水良好的土壤。萌发力强，生长缓慢，寿命长。

形态特征：高约8～10m。偶数羽状复叶具小叶8～18枚，叶轴具窄翅；小叶革质，全缘，有清香。圆锥花序腋生；花雌雄异株，无花瓣。核果球形，紫红色。

其他用途：叶可提取芳香油，叶和树皮具药用功能，开发前景广阔。

齿叶冬青

拉丁名：*Ilex crenata*

别名：钝齿冬青、波叶冬青、波缘冬青　　**科属**：冬青科冬青属

原产地：原产于长江以南各地。山东以南各地有栽培。日本和朝鲜也有分布。

常绿灌木或小乔木。多分枝。小叶密生，叶形小巧，叶色亮绿，有较好的观赏价值。园林中多成片栽植作为地被，也常用于彩块及彩条的基础种植，或植于花坛、树坛；也可作盆景观赏。喜光，稍耐阴，喜温暖、湿润气候，较耐寒，能耐低温，适宜温度－11～30℃。喜中性或微酸性土壤。

形态特征：小枝灰黑色。叶厚革质，矩圆形、椭圆形、倒卵形或长倒卵形，边缘有细而密的钝齿，下面有腺点。花白色，萼片、花瓣 4，少数为 5。果球形，黑色。

常见栽培品种：

①龟甲冬青（‘Convexa’），多分枝，小枝有灰色细毛，叶小而密，叶面凸起，厚革质，椭圆形至长倒卵形；花白色；果球形，黑色。

②金叶龟甲冬青（‘Golden Gem’），老叶片浓绿具光泽，新叶片金黄色，株型低矮、紧凑，生长较为缓慢。

金叶龟甲冬青

构骨

拉丁名：*Ilex cornuta*

别名：鸟不宿、猫儿刺、猫儿刺、枸骨冬青　　**科属**：冬青科冬青属

原产地：原产于我国长江流域地区，全国各地广为栽培。

常绿灌木或小乔木。枝叶稠密，叶形奇特，深绿光亮，入秋红果累累，经冬不凋，鲜艳美丽，是良好的观叶、观果树种。宜作基础种植及岩石园材料，或孤植于花坛、对植于前庭、路口，或丛植于草坪边缘。生长缓慢，萌蘖力强，耐修剪，是很好的绿篱（兼有果篱、刺篱的效果）及盆栽材料。喜光，稍耐阴，喜温暖，耐寒性不强。喜肥沃、湿润而排水良好之微酸性土壤。对有害气体有较强抗性，颇能适应城市环境。

形态特征：高3～4m。枝开展而密生。叶硬革质，二型，矩圆形或卵形，先端具3枚坚硬刺齿，中央1枚常反曲，基部两侧各有1～2枚大刺齿，有时全缘。花小，黄绿色，簇生于2年生枝叶腋。核果球形，鲜红色。

其他用途：种子含油可做肥皂，根枝叶和果均入药，树皮可提取栲胶或做染料。

卫矛

拉丁名：*Euonymus alatus*

别名：鬼箭羽、四棱树、干篦子　　**科属**：卫矛科卫矛属

原产地：我国原产于除东北、新疆、青海、西藏、广东及海南以外的中部广大地区。日本、朝鲜也有分布。

落叶灌木。早春初发嫩叶及秋叶均为紫红色，十分艳丽；枝翅奇异而有特色，是优良的彩叶兼赏果灌木。可孤植或丛植于草坪、斜坡，也可于水边、亭廊边、假山石旁作配植。喜光，耐阴，耐寒，耐干旱，耐盐碱，适应性强。对土壤要求不严。萌芽力强，耐修剪。

形态特征：高达3m。小枝四棱形，棱上常生有扁条状木栓翅，翅宽达1cm。叶对生，窄倒卵形或椭圆形；叶柄极短或近无柄。聚伞花序有3～9花，总花梗长1～1.5cm；花淡绿色，直径5～7mm，4数。蒴果4深裂；种子有橙红色假种皮。

冬青卫矛

拉丁名：*Euonymus japonicus*
别名：冬青、正木、大叶黄杨、扶芳树、四季青、日本卫矛
科属：卫矛科卫矛属

原产地：栽培种最初由日本引入，现我国南北各地栽培甚普遍，野生者多在近人居处发现，我国是否有原产待考。

常绿灌木或小乔木。叶色光亮，嫩叶鲜绿，极耐修剪，幼树为庭院中常见的绿篱树种。其变种斑叶者，尤为美观。多年生者可经整形后列植于道边，或于花坛中心栽植。住宅可用以装饰为绿门、绿垣，亦可盆植观赏。喜光，亦较耐阴，喜温暖、湿润气候，稍耐寒。喜肥沃、疏松的土壤，对土壤酸碱性的适应范围极宽。

形态特征：小枝略为四棱形，枝叶密生，树冠球形。单叶对生；倒卵形或椭圆形，边缘具钝齿，表面深绿色，有光泽。聚伞花序腋生，具长梗；花绿白色。蒴果球形，淡红色，假种皮橘红色。

金边大叶黄杨

银边大叶黄杨

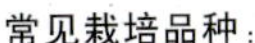

常见栽培品种：

①金心大叶黄杨（‘Aureo-variegatus’）叶心具金黄色斑点。

②银边大叶黄杨（‘Albo-marginatus’）叶缘白色。

③金边大叶黄杨（‘Aureo-marginatus’）叶缘金黄色。

金边大叶黄杨

金心大叶黄杨

扁担木

拉丁名：*Grewia biloba* var. *parviflora*

别名：孩儿拳、小花扁担杆、吉利子树、葛妃麻、棉筋条

科属：椴树科扁担杆属

原产地：原产于我国华北、西北地区东南部、华东、华南、西南等地。

落叶灌木。果实成熟后宿存枝头，系秋季观果树种。园林中可丛植或与山石配植。性喜光，也略耐阴，耐瘠薄。不择土壤。野外常生于丘陵或低山灌丛中。

形态特征：高达2m。多分枝，嫩枝被星状粗毛。叶薄革质，椭圆形或倒卵状椭圆形，边缘密生不整齐小牙齿，下面密被黄色软茸毛。聚伞花序腋生或腋外生；有多数淡黄色花，花两性，花瓣5，下部具腺体。核果红色，具2～4分核，果皮革质，疏松抱核，易分离。

朱槿

拉丁名：*Hibiscus rosa-sinensis*

别名：扶桑、佛桑、大红花、桑槿、状元红、照殿红　　**科属**：锦葵科木槿属

原产地：原产于亚洲热带及亚热带地区。我国华南地区及云南、四川南部广为栽培。世界各地，尤其是热带及亚热带地区多有种植。

常绿灌木或小乔木。花色鲜艳，花大、形美，品种繁多，是著名的观赏花木。多盆栽。华南地区也常栽于道路两旁及庭院和水滨，也可密植作为绿篱及围篱。喜光，不耐阴，喜温暖、湿润气候，通风良好的场所，不耐寒霜，越冬温度不低于5℃。对土壤要求不严，但在肥沃、疏松的微酸性土壤中生长最好。小苗生长快，扦插苗1年可成花。

形态特征：株高可达2m。茎直立，分枝多。叶互生；广卵形，叶缘有锯齿，叶面平滑无毛。花着生于叶腋间；有单瓣及重瓣之分，有白、黄、粉、红等色。花期6～9月。

其他主要经济价值：茎皮纤维可搓绳索、织麻袋、造粗布、网及纸张等。

木芙蓉

拉丁名：*Hibiscus mutabilis*

别名：芙蓉、芙蓉花、拒霜花、地芙蓉、华木　　**科属**：锦葵科木槿属

原产地：原产于我国湖南。长江流域及以南多有栽培，尤以湖南、四川为多；长江以北地区栽培者冬季地上部分枯萎，呈宿根状，翌春从根部萌生新枝。日本和东南亚各国也有栽培。

落叶灌木或小乔木。花型大，花色艳，花期长，是著名的观赏花木。多在庭园栽植，可孤植、丛植于墙边、路旁、厅前等处，特别宜于配植于水滨。喜阳，略耐阴，喜温暖、湿润环境，不耐寒，忌干旱，耐水湿。对土壤要求不高，瘠薄土地均可生长。生长快，成年期约 3 年。

形态特征：枝干密生星状毛。叶片广卵形，3～5 裂，裂片呈三角形，基部心形，叶缘具钝锯齿；两面被毛。花单生于枝端叶腋间；随品种不同花有白色、粉红色、淡红后变深红以及大红重瓣、白重瓣、半白半桃红重瓣和红白间等型。

其他用途：茎皮纤维柔韧而耐水，可作缆索和纺织品原料，也可造纸。花和叶可入药。

木槿

拉丁名：*Hibiscus syriacus*

别名：篱障花、白饭花、鸡肉花、朝开暮落花、根花　　**科属**：锦葵科木槿属

原产地：我国原产于中部，大部分地区有栽培。日本及朝鲜半岛有分布，为韩国国花。

落叶灌木或小乔木。盛夏至初秋开花，开花时满树花朵，此谢彼开，络绎不绝。适合在绿地、庭院、建筑物旁向阳处散植或列植，也可以做隔离空间的花篱等。喜光，也耐半阴，耐寒，在华北和西北大部分地区都能露地越冬，忌过度干旱，生长期需经常保持土壤湿润。对土壤要求不严，较耐瘠薄，能在黏重或碱性土壤中生长。

形态特征：株高3～6m。茎直立，分枝多直立，稍披散。单叶互生，在短枝上也有2～3片簇生者，叶卵形或菱状卵形，有明显的三条主脉，而常3裂，基部楔形，下面有毛或近无毛，先端渐尖，边缘具圆纯或尖锐锯齿。花单生于枝梢叶腋，花瓣5，有单瓣、重瓣之分，花色有浅蓝紫色、粉红色或白色之别，有重瓣品种。蒴果长椭圆形，被黄色毛，直径约1 cm。花期6～9月。

其他用途：木槿鲜花可食。种子、果实、根皮和茎皮均可入药。茎皮纤维可造纸。

吊灯扶桑

拉丁名：*Hibiscus schizopetalus*

别名：大红花、吊灯花、裂瓣朱槿　　**科属**：锦葵科木槿属

原产地：原产于非洲东部热带地区。我国华南地区常见栽培观赏。

多年生常绿灌木。花姿似悬垂的风铃，花期长，全年开花。宜点缀于道路两旁及庭院和水滨，或列植、丛植观赏。耐修剪，可用做绿篱、花篱。是热带地区常见的园林观赏植物，长江流域及以北地区可作温室和室内盆栽花卉。喜温暖、湿润、阳光充足、通风良好的环境，要求肥沃、排水良好的土壤。生长周期短，扦插苗1年即可成花。

形态特征：高1～4m。具多数柔软、倒垂的枝。叶互生；长圆状卵形或卵状椭圆形，长5～7cm，叶缘有齿缺。花红色，单生于叶腋，下垂，花瓣向外反卷，深细裂呈流苏状，雄蕊柱长而突出，下垂。

纹瓣悬铃花

垂花悬铃花

拉丁名：*Malvaviscus arboreus* var. *penduliflorus*
别名：铃铛花、南美朱槿、吊灯花、灯笼扶桑、卷瓣朱槿
科属：锦葵科悬铃花属

原产地：原产于中、南美洲的热带低海拔地区。现广泛栽培于世界各地热带及亚热带地区。我国华南地区广为栽培。

常绿小灌木。在华南地区可全年开花，花朵奇特，适合于庭院和风景区栽植。南岭以北地区常室内盆栽观赏。喜光，稍耐阴，喜高温，不耐寒，越冬温度低于8℃则落叶，喜湿润环境。宜在肥沃、疏松和排水良好的微酸性土壤中生长。耐修剪。抗烟尘和有害气体。扦插苗当年可见花。

形态特征：成株高约1m。枝条开展。叶卵形或卵状矩圆形，边缘有锯齿。终年开花，花瓣鲜红色，含苞状不展开，略左旋，下垂，雌雄蕊伸出花冠。在我国栽培不结实。

同属常见栽培种：纹瓣悬铃花（*A. striatum*），又名金铃花，苘麻属，高可达3～4m；叶互生，掌状5裂，裂片卵状渐尖形，先端长渐尖；叶柄长3～6cm，无毛；花单生于叶腋，花梗下垂，花钟形，直径约3 cm，花萼裂片5，卵状披针形，花瓣5，橘黄色，具紫色条纹，雌雄蕊伸出于花冠外。

海滨木槿

拉丁名：*Hibiscus hamabo*

别名：海滨黄槿、海槿、海塘树　　**科属**：锦葵科木槿属

原产地：我国原产于浙江、福建的沿海海岸及岛屿。朝鲜、日本亦见分布。

落叶灌木或小乔木。树形自然开展，飘逸美观，花较大，金黄色，十分美丽，花期长，从夏至秋均可观花，是庭院绿化、美化的优良材料，丛植、列植均可。喜光，能耐夏季40℃的高温，也可抵御冬季－10℃的低温。抗风力强，极度耐盐碱，并耐海水淹浸，是华东沿海地区优良的海岸防风林树种。对土壤的适应能力强。根系发达，生长繁茂，一年生苗平均高度可达50～60cm，2年成型，成年株高1～2.5m。扦插苗1年可成花。

形态特征：分枝多。叶片近圆形；厚纸质，两面密被灰白色星状毛。花单生于枝端叶腋；花冠钟状，黄色，直径5～6cm。蒴果三角状卵形。花期7～10月；果熟期10～11月。

其他用途：树皮纤维发达，可制绳、造纸。

非洲芙蓉

拉丁名：*Dombeya wallichii*

别名：吊芙蓉、百铃花　　**科属**：梧桐科非洲芙蓉属

原产地：原产非洲大陆东部及马达加斯加岛。现已广泛种植于世界不同地区，我国华南地区有栽培。

常绿灌木或小乔木。树冠圆形，枝叶密集，生长迅速，悬垂花球漂亮鲜艳，花形甚美而且浓密，具极高观赏价值，适合庭院、公园、校园等丛植及片植。喜光，也耐半阴，喜暖热气候，一般要求温度8℃以上才能安全越冬，对水分要求不严格。对土壤要求不严，但以肥沃的土壤为佳。

形态特征：通常高约2～3m，最高可达15m。单叶互生，具托叶；叶心形，叶缘具钝锯齿，掌状脉7～9条，枝及叶均被柔毛。伞形花序，花从叶腋间伸出，下垂，一个花序可包含二十多朵粉红色的小花。花期12月至翌年3月。

茶梅

拉丁名： *Camellia sasanqua*

别名： 小茶梅、海红　　**科属：** 山茶科山茶属

原产地： 原产于日本。我国栽历史悠久，自宋代开始就有文献记载。江苏、浙江、福建、广东等沿海地区及云南均有栽培。

常绿灌木或小乔木。树形优美，叶片亮绿，花色美，花期长，被广泛利用于公园绿地、自然风景区和名胜古迹。在庭院之中，可小片群植或与其他树种搭配组合，也可作主景欣赏。喜半阴半阳、空气湿润的环境，喜温暖、湿润气候。适生于肥沃、疏松、排水良好的酸性沙壤土中。

形态特征： 高可达12m。叶互生，椭圆形至长圆卵形，先端短尖，边缘有细锯齿，革质，侧脉不明显。花略芳香，单瓣或半重瓣，花色除有红、白、粉红等色外，还有奇异的变色及红、白镶边等。蒴果球形。花期长，自10月下旬开至来年4月。

冬红茶梅

滨柃

拉丁名：*Eurya emarginata*

别名：凹叶柃木　　**科属**：山茶科柃木属

原产地：我国原产于浙江沿海、福建沿海及台湾等地。

常绿灌木。树冠紧密，树姿优美，叶色墨绿，有光泽，适合于绿地花坛中作色块拼图植物，也可作园林基础植物栽培；还可作盆栽、盆景观赏；更适合沿海地区绿化。为近年新开发的、优良的乡土野生观赏植物。喜半阴，温暖、温润的环境，极耐瘠薄、干旱。在通风及排水良好的肥沃土壤中生长良好。抗风性强，并耐一定的盐碱，极适合沿海地区绿化。

形态特征：高1～2m。嫩枝圆柱形，密被短柔毛。叶厚革质，倒卵形或倒卵状披针形，边缘有细锯齿，叶面深绿光滑。雌雄异株，花腋出，黄色。浆果球形。

柃木

拉丁名：*Eurya japonica*

别名：细叶菜、海岸柃　　**科属**：山茶科柃木属

原产地：我国原产于华东、华南、西南各地沿海及岛屿。日本及朝鲜半岛有分布。

常绿灌木。树冠紧密，树姿优美，可作庭园植物。喜半阴，喜温暖、湿润的环境，耐瘠薄、干燥。在疏松、肥沃的沙质壤土上生长较好。

形态特征：高1～3m。叶互生，倒卵形或倒卵状椭圆形，先端钝或急尖，基部楔形，边缘有锯齿或细圆锯齿。花小，单性，雌雄异株，1～3朵腋生，花瓣5，紫白色。浆果球形，熟时由红色变为紫黑色。

其他用途：枝叶可入药，在日本有用于宗教礼仪。叶或果枝可作插花材料。

金丝桃

拉丁名：*Hypericum monogynum*

别名：土连翘、过路黄、金丝海棠、贯叶连翘、小对叶草、圣约翰草

科属：藤黄科金丝桃属

原产地：原产我国中部及南部广大地区。

半常绿小灌木。枝叶扶疏，花鲜黄色，雄蕊灿若金丝，绚丽可爱，是夏季良好的观赏花木，适宜在园林中的庭院、草地边缘、树坛或林缘下、路旁、道路的转角处或假山旁丛植，或群植为花篱，也可用作花境材料；阳台盆栽也很适宜；花枝可插瓶。喜光，略耐阴，喜温暖、湿润气候，较耐寒。对土壤要求不严，除黏重土壤外，在一般的土壤中均能较好地生长。

形态特征：小枝纤细且多分枝。叶纸质，无柄，对生；长椭圆形，有腺点，全缘。花3～7朵集合成聚伞花序着生在枝顶，多为5瓣，黄色，雄蕊多数，花丝细长。蒴果。花期6～7月。

常见栽培近缘种：金丝梅（*H.patulum*），灌木状，小枝红色或暗褐色，叶片卵形或长卵形，花单生枝顶或聚伞花序。花黄色、深黄色，雄蕊金黄色。

观果金丝桃

金丝梅

半日花

拉丁名：*Helianthemum songaricum*
科属：半日花科半日花属

原产地：我国原产于新疆、甘肃及内蒙古的石砾荒漠地区。为亚洲中部荒漠的特有种。

为超旱生的落叶小灌木。可做为干燥石质荒山的绿化植物种，也可以用于园林中岩石山的景观配置。做为一种适应于严酷生境的特殊观赏植物，具有一定的园艺价值。喜光，耐阳光曝晒，耐寒，耐最低气温可达－35℃，不耐水湿。不耐黏重土壤，最适土壤为沙漠钙质土。具粗壮的直根，侧根发达。

形态特征：高10～15cm。多分枝，小枝先端常尖锐而呈刺状。单叶对生，革质；长圆状椭圆形至长圆状披针形，长5～12mm，边缘全缘，叶面被白色绵毛。花两性，单生枝顶，鲜黄色，直径约1.4cm。蒴果卵圆形。花期5～7月。

其他用途：植株地上部分含红色乳汁，可做染料。

结香

拉丁名： *Edgeworthia chrysantha*

别名： 黄瑞香、打结花、家香、喜花、梦冬花、三叉树　　**科属：** 瑞香科结香属

原产地： 我国原产于长江流域及以南各地。

落叶灌木。树冠球形，枝叶美丽，姿态清逸，花多成簇，芳香四溢。暖温带植物，为长江以南地区园林中常见花灌木。适宜植于庭前、路旁、水边、石间、墙隅。也可盆栽观赏。喜半阴，喜温暖，耐寒性略差，根肉质，忌积水。宜排水良好的肥沃土壤。萌蘖力强。

形态特征： 高1～2m。常做三叉分支，嫩枝粗壮、柔软，可打成节而不折段。叶互生，常簇生枝顶；长椭圆形，长6～20cm，全缘。花40～50朵聚成假头状花序，生于枝顶或近顶部，下垂，总柄粗短；花浓香，早春先叶开放；花瓣缺；花萼筒状花冠状，黄色，有红花变种。核果卵形，状如蜂窝。

其他用途： 树皮可取纤维，供造纸；枝条柔软，可供编筐。根、茎、花可药用。

金边瑞香

金边瑞香

凹叶瑞香

瑞香

拉丁名：*Daphne odora*

别名：睡香、毛瑞香、千里香、山梦花、沈丁花、蓬莱紫　　**科属**：瑞香科瑞香属

原产地：我国传统名花，长江流域以南广为栽培，野外未见分布，可能为栽培种。日本亦为栽培种。

常绿灌木。树姿优美，树冠圆形，条柔、叶厚，枝干婆娑，花繁馨香，寓意祥瑞，观赏价值很高。最适合种于林间空地、林缘道旁、山坡台地及假山阴面，若散植于岩石间则风趣益增。喜半阴和通风环境，怕曝晒，不耐干旱。

毛瑞香

形态特征：植株高 1.5～2m。小枝光滑无毛。单叶互生；长椭圆形；深绿，质厚，有光泽。花簇生于枝顶端，头状花序有总梗，花瓣缺；花萼筒状花冠状，上端四裂，白色，或紫或黄，具浓香。花期 2～3 月。

其他用途：茎皮纤维为造纸的良好原料。根、茎、叶、花均可入药。

常见栽培品种及近缘种：白花瑞香（'Alba'）；红花瑞香（'Rubra'）；紫花瑞香（'Purpurea'）；金边瑞香（'Marginata'），叶缘金黄色，花蕾红色，开后白色；毛瑞香（*D. kiusiana* var. *atrocaulis*），花白色，花被外侧密被灰黄色绢状柔毛；凹叶瑞香 *D. grueningiana*，叶缘反卷，先端钝而有小凹缺。

胡颓子

拉丁名：*Elaeagnus pungens*

别名：半春子、甜棒槌、雀儿酥、羊奶子　　**科属**：胡颓子科胡颓子属

原产地：我国原产于长江以南各地，生于海拔1000 m以下向阳的山坡或路旁。日本也有分布。

常绿灌木。叶色奇特秀丽，花吐芬芳，红色小果似小红灯笼缀满枝头，十分雅致。宜配植于林缘道旁、庭院，也可修剪成球形。盆栽可点缀居室；还可制作盆景。喜光，也较耐阴，耐寒，能忍耐－8℃左右的绝对低温，在华北南部可露地越冬，耐高温、酷暑，耐干旱、瘠薄，耐水湿，耐盐碱。对土壤要求不严，在中性、酸性和石灰质土壤上均能生长。抗空气污染。

形态特征：株高可达4m。枝条上有刺，上面被有很厚的银白色鳞片。叶互生；椭圆形至长椭圆形，边缘呈波浪状扭曲，叶背面有银白色的鳞斑。花着生于叶腋间，每腋1～3朵。果红色。花期9～11月；果熟期翌年5月。

其他用途：果熟时味甜可食。根、叶、果实均供药用。

常见主要栽培品种：

①金边胡颓子（'Gilt Edge'），叶边缘深黄色。

②玉边胡颓子（'Varlegata Rehd'），叶边缘黄白色。

③金心胡颓子（'Fredericii Bean'），叶中央黄色。

沙棘

拉丁名：*Hippophae rhamnoides* subsp.*sinensis*

别名：中国沙棘、刺柳、酸刺柳　　**科属**：胡颓子科沙棘属

原产地：原产于山西、陕西、内蒙古、河北、甘肃、青海、四川，常生于山麓树线上段的向阳坡面。黄土高原多见。

落叶灌木或小乔木。萌蘖力强，枝叶耐修剪，果期枝条缀满果实，金光耀眼，别具特色，目前主要应用于经济栽培及沙区绿化，在园林中应用还较少，配置得当可呈现独特的景观效果，宜栽培在河谷、河滩、小溪和湖泊沿岸、沼泽地边缘以及盐渍草甸。喜光，耐低温，耐旱，耐瘠薄。抗风沙能力强；可以在盐碱化土地上生存。

形态特征：高可达5～10m。具粗壮棘刺，枝幼时密被褐锈色鳞片。单叶通常近对生，狭披针形或矩圆状披针形，两端钝或基部圆形；下面密被银白或淡白色鳞片；叶柄极短。花先叶开放，雌雄异株；短总状花序腋生于头年枝上；花小，淡黄色。果近球形，橙黄色或橘红色，直径约4～6　mm。花期3～4月；果期9～10月。

其他：本种地理分布很广，跨欧、亚两洲温带地区。本种可分为9个亚种，我国有5个亚种，山西、陕西、内蒙古、河北、甘肃、宁夏、辽宁、青海、四川、云南、贵州、新疆、西藏等地区都有分布。沙棘果实营养丰富，含有多种维生素、脂肪酸、微量元素、亚油酸、沙棘黄酮、超氧化物等活性物质和人体所需的各种氨基酸。果实除鲜食外，还可加工成果汁、果酒、果酱、保健品等。

细叶萼距花

拉丁名：*Cuphea hyssopifolia*
别名：紫花满天星、紫萼距花、细叶雪茄花、红丁香、焰红萼距花
科属：千屈菜科萼距花属

原产地：原产墨西哥热带地区。我国引种栽培，目前在岭南地区已广泛应用于园林绿化中。

常绿小灌木。叶翠绿，花小而多，盛花时布满花坛，状似繁星，故又名满天星，是花坛、低矮绿篱的优良材料。喜光，也耐半阴，在全日照、半日照条件下均能正常生长，耐热，喜高温，不耐寒，在5℃以下常受冻害，耐水湿。对土壤适应性强，沙质壤土栽培生长更佳。

形态特征：植株矮小，茎直立，分枝特别多而细密。对生叶小，线状披针形，长1.0～2.0cm。花单生叶腋，结构特别，花萼延伸为花冠状，高脚碟状，具5齿，齿间具退化的花瓣，花紫色、淡紫色、白色。

同属常见栽培种：萼距花（*C. hookeriana*），高30～60cm。多分枝。茎具黏质柔毛或硬毛。叶对生，长卵形或椭圆形，顶端渐尖。花单生叶腋，花冠筒紫色、淡紫色至白色。其他同细叶萼距花。

萼距花

虾子花

拉丁名：*Woodfordia fruticosa*

别名：红蜂蜜花、吴福花、野红花、破血药、沙花、虾花

科属：千屈菜科虾子花属

原产地：我国原产于广东、广西、云南。越南、缅甸、印度、斯里兰卡、印度尼西亚、马达加斯加也有分布。原生于干热河谷地带，路旁、河边、山坡的向阳地。

常绿灌木。花型奇特，像一只只鲜红的小虾在风中挥舞着须爪，是美丽而独特的观赏植物。点缀于草坪中、河岸旁或建筑物前均可。喜光，喜高温，耐干旱，不耐寒。适合于华南地区园林中应用。

形态特征：高1.5～3m。叶对生，革质，披针形或狭披针形，长7～12cm，宽2～3cm，下面具微小黑腺点，近无柄。聚伞花序腋生，圆锥状，长约3cm；花两性，花萼筒状，鲜红色，口部略偏斜，具6齿，萼齿之间有小附属体；花瓣6，通常不长于萼齿。蒴果狭椭圆形。花期3～4月。

其他用途：根与花入药，调经活血，凉血止血，通经活络。主治妇女血崩、月经不调、风湿关节炎、腰肌劳损、鼻衄、咳血。

黄薇

拉丁名：*Heimia myrtifolia*
科属：千屈菜科黄薇属

原产地：原产于南美洲巴西等地。我国引入栽培，主要栽培地区在华东地区及桂林。

落叶灌木。枝、叶似柳；花中等大小，金黄色，姿态美丽，夏秋开花。适合于园林中丛植观赏，可植于路边或林缘。喜光，喜温暖，耐干旱。

形态特征：分枝多而细，略有棱。叶对生，部分互生或轮生，椭圆状披针形至狭披针形；近无柄。花单生于叶腋；花萼钟形或半球形；花瓣黄色，5～7 枚，倒卵形；雄蕊 10～18 枚；柱头较雄蕊长出许多。蒴果球形或近球形。花、果期 7 月。

玛瑙石榴

千瓣白花石榴

花石榴

拉丁名：*Punica granatum* var. *nana*

别名：安石榴　　**科属**：石榴科石榴属

原产地：原产于中亚的巴尔干半岛至伊朗、阿富汗。我国于汉代由张骞引入，现全国普遍栽培。

落叶灌木或小乔木。花开火红色，艳丽怒放，花朵多，花期长，每朵花从出现红色花蕾到果实成熟，自春到秋几个月，经久不落，既可观花又可观果。盆栽可供室内观赏，地栽适合于风景区的绿化配置。喜光，不耐阴，喜干燥的环境，耐干旱，不耐水涝。对土壤要求不严，以肥沃、疏松的沙壤土最好。

形态特征：高2～7m。小枝圆形，顶端刺状。叶通常对生，矩圆状披针形。花1至数朵生于枝顶或腋生，花萼钟形，橘红色，质厚，花瓣与萼片同数。品种繁多，有观花、观果、食用之分，花瓣通常红色，也有白、黄或深红色的；还有花瓣皱缩，单瓣或重瓣等品种。花期6～7月；果熟期9～10月。

千瓣白花石榴

红千层

拉丁名：*Callistemon rigidus*

别名：瓶刷子树、串钱柳　　**科属**：桃金娘科红千层属

原产地：原产于澳大利亚。我国岭南地区引种栽培。

常绿灌木或小乔木。花期长，花数多，每年春末夏初，火树红花，盛开时满树艳红的“瓶刷子”，甚为奇特。栽培容易，为优良的庭院美化观花树、行道树、风景树，或作防风林。也可以用于切花或大型盆栽，并可修剪、整枝成为高贵盆景。喜光，喜温暖、湿润气候，耐0℃低温和45℃高温。喜肥沃、酸性土壤，也耐瘠薄。萌发力强，耐修剪。抗大气污染。多于幼苗时移栽，成年大树移栽不易成活。

形态特征：高2～3m。树皮暗灰色，不易剥离；幼枝和幼叶有白色柔毛。叶互生，条形，长3～8cm，宽2～5mm，坚硬，有透明腺点，无柄。穗状花序着生枝顶，似瓶刷状；花无柄，苞片小，萼筒近膜质，花瓣绿色，长6mm；雄蕊多数，红色，长2.5cm；花柱比雄蕊略长，红色，先端绿色。蒴果半球形，顶端开裂。花期3～7月。

红果仔

拉丁名：*Eugenia uniflora*

别名：巴西红果、扁樱桃、棱果蒲桃、香樱桃　　**科属**：桃金娘科番樱桃属

原产地：原产于巴西，全世界热带地区均有引种。我国广东、台湾等地有栽培。

常绿灌木或小乔木。枝叶茂密，耐修剪，果实晶莹红艳，适合于作绿篱或庭院观果树种。喜光，不耐阴，喜温暖、湿润气候，不耐旱，生长适温为23～30℃，越冬不可低于10℃。花、果期喜肥，但不喜浓肥，应薄肥勤施。在疏松、肥沃、透气性良好的微酸性沙质土壤中生长最好。

形态特征：高可达5m。单叶对生，卵形至椭圆形，长7cm，背面灰白色，上面叶脉明显下陷，叶柄短。花单生或数朵聚生叶腋，白色，直径1.5cm，有香气。果卵球形，直径2～4cm，熟时橙黄至鲜红色，有8条纵沟。花期3～6月。

其他用途：果可食用或制果冻、果酱及果汁。

香桃木

拉丁名：*Myrtus communis*

别名：茂树、香叶树、银海花　　**科属**：桃金娘科香桃木属

原产地：原产北非和伊朗，地中海沿岸广为栽培，自古就在南欧的庭园栽植，有许多园艺变种。我国南方有引种栽培。

常绿灌木。可作为花境背景树栽于林缘，或栽于向阳的围墙前，形成绿色的屏障；用作居住小区或道路的高绿篱，也会有新颖的效果。喜光，亦耐半阴，喜温暖、湿润气候。适应中性至偏碱性土壤。萌芽力强，耐修剪。病虫害少。

形态特征：高达3～5m。小枝密集。叶革质，对生，在枝上部常为3～4枚轮生；深绿色，有光泽，长2～5cm，全缘，有小油点，叶揉搓后具香味，入冬后部分幼树的叶片转为紫红色。花腋生，白色或粉红色；雄蕊长，多数，可达约50枚，花药黄色。浆果黑紫色。

桃金娘

拉丁名：*Rhodomyrtus tomentosa*
别名：当泥、岗稔、山稔、多莲、当梨根、山旦仔、乌肚子
科属：桃金娘科桃金娘属

原产地：我国原产于南岭及以南地区。南亚及东南亚均有分布。

常绿小灌木。株形紧凑，四季常青，花期较长，花果可观赏，花先白后红，红白相映，十分艳丽，果色鲜红转为酱红。园林中可丛植、片植或孤植点缀绿地；也可用于城市隔离带、山坡水土保持。喜半阴，夏季惧强光直射，喜温暖、湿润，10℃以下停止生长。为酸性土指示植物，耐瘠薄土壤。

形态特征：高0.5～2m。叶对生，革质，椭圆形或倒卵形，有离基三出脉；聚伞花序腋生，有花1～3朵；花有长梗，花瓣5，粉红色；雄蕊多数，红色；子房下位，3室，花柱1，略长于雄蕊。浆果球形，暗紫色。种子每室2列。

其他用途：果可食用。全株供药用，有活血通络、收敛止泻、补虚止血的功效。

鸭脚茶

拉丁名：*Bredia sinensis*
别名：高脚落山萁、山落茄、雨伞子、九节兰、中华野海棠
科属：野牡丹科野海棠属

原产地：原产于我国浙江、江西、福建、广东等地。

常绿灌木。花色窈窕，叶大、光亮，枝叶姿态美丽，在原生境为林下阴生植物。适合于于园林中林下较阴湿处作地被植物。

形态特征：高60～100cm。茎圆形，小枝略四棱形。叶对生；叶片坚纸质，披针形至卵形或椭圆形，近全缘或具疏浅锯齿；基脉5出。聚伞花序顶生，有花5～20朵；花4数，花萼钟状漏斗形，具4棱；花瓣粉红色至紫色，长圆形，先端急尖，1侧偏斜；雄蕊4长4短。蒴果近球形，为宿存萼所包。花期6～7月；果期8～10月。

其他用途：全株可供药用。

野牡丹

拉丁名：*Melastoma candidum*
别名：山石榴、猪㹢稔、猪母草、毛足杆、金石榴
科属：野牡丹科野海棠属

原产地：我国原产于岭南地区。中南半岛也有分布。

常绿灌木。花夏季盛开，短聚伞花序及粉红色的花瓣捧着中心金黄色的雄蕊，娇艳美丽。适合庭院点缀丛植或植于林下，也可盆栽。喜阴，喜温暖、湿润的气候，稍耐干旱和瘠薄。适宜在酸性土壤中生长。具有很好的抗病虫害能力，管理粗放。花后需及时修剪，以控制株高及株型。

形态特征：高0.5～1.5m。茎钝四棱形或近圆柱形。叶对生，叶柄长5～15mm，叶片坚纸质；卵形或广卵形，长4～10cm，全缘，基出脉7条。伞房花序生于分枝顶端，近头状，有花3～5朵；花瓣玫瑰红色或粉红色。蒴果坛状球形。花期5～7月；果期10～12月。

宝莲花

拉丁名：*Medinilla magnifica*
别名：粉苞酸脚杆、珍珠宝莲、宝莲灯、美丁花
科属：野牡丹科酸角杆属

原产地：分布于东半球热带地区，主产于菲律宾、马来西亚和印尼的热带森林中。我国海南岛和云南南部的热带、亚热带雨林中也有。

常绿灌木。株形优美，灰绿色叶片宽大粗犷，粉红色花序下垂，粉红色的大苞片为主要观赏部位，花、叶、果观赏效果俱佳，是野牡丹科花卉中属最豪华、美丽的一种。盆栽宝莲花最适合宾馆、厅堂、商场橱窗、别墅客室中摆设。热带地区可于园林花境中露地栽培。喜半阴，忌烈日曝晒，喜高温、多湿环境，不耐寒，越冬温度不可低于16℃。要求肥沃、疏松的腐叶土或泥炭土。

形态特征：高1.5～2.5m。茎有4棱或4翅。单叶对生，无叶柄；叶片卵形至椭圆形，全缘。大型穗状或圆锥花序下垂；花外有粉红或粉白色总苞片，小花直径约2.5cm。果实圆球形，顶部有宿存的萼片。

倒挂金钟

拉丁名： *Fuchsia hybrida*
科属： 柳叶菜科倒挂金钟属

原产地： 原产中、南美洲国家，现广泛栽培者为园艺种。是我国习见的盆栽花卉。

亚灌木或小灌木。栽培品种极多，花形奇特，花期长，观赏性强，垂花朵朵，婀娜多姿，如悬挂的彩色灯笼。对环境条件要求比较苛刻，北方各地于温室中育苗，盆栽观赏。南方夏季凉爽的地区可地栽布置花坛。怕强光，不耐高温，忌闷热和雨淋、日晒，夏季要求高燥、凉爽及半阴条件；冬季要求阳光充足、温暖、湿润、空气流通。生长适温15～25℃，越冬不低度于5℃。喜富含腐殖质、排水良好、肥沃、疏松的微酸性土壤。

形态特征： 高30～150cm。茎近光滑，枝细长，稍下垂，常带粉红或紫红色，老枝木质化明显。叶对生或三叶轮生；卵形至卵状披针形，边缘具疏齿。花单生于枝上部叶腋，具长梗而下垂；萼筒长圆形，萼片4裂，翻卷；花瓣4枚，自萼筒伸出，常抱合状或略开展，也有半重瓣，花瓣有红、白、紫色等，花萼也有红、白之分。花期4月～7月。浆果。

五加

拉丁名：*Acanthopanax gracilistylus*

别名：五佳、五叶木、白刺尖、追风使　　**科属**：五加科五加属

原产地：我国原产于华东、华中、华南及西南地区。

灌木。为林下半阴生植物，其根、茎皮为我国传统中药，过去多作为药用植物栽培。可丛植于园林中作林下地被，赏其掌状复叶及植丛。适应性强，在自然界常生于林缘及路旁。

形态特征：高2～5m，有时蔓生状。枝无刺或在叶柄基部有刺。掌状复叶在长枝上互生，在短枝上簇生；小叶5枚，中央1枚最大，倒卵形至倒卵状披针形，叶缘有锯齿。伞形花序单生于叶腋或短枝的顶端；花黄绿色。果近圆球形，熟时紫黑色。

其他用途：根皮、茎入药，为我国传统中药，称五加皮。可祛风湿，补肝肾，强筋骨，利水。

鹅掌柴

拉丁名：*Schefflera octophylla*

别名：鸭脚木、鸭母树、小叶手树　　**科属**：五加科鹅掌柴属

原产地：我国原产于浙江、福建、台湾、广东、广西、云南、西藏等地的热带、亚热带常绿阔叶林中。日本、越南和印度有分布。

乔木或灌木。枝叶柔美，清新宜爽，叶片光亮，叶形奇特，耐阴，适应范围广，室内盆栽。岭南地区可露地栽培用于庭园美化。适合丛植于路边、山石旁，或与林下地被植物配置。喜光，在全日照、半日照、半阴下均可生长良好，喜温暖、湿润气候，不耐干旱，耐寒。对各种土壤均能适应。耐修剪，生命力特强。

形态特征：高2～15m。掌状复叶互生，小叶6～9枚（最多11枚），革质，富光泽，倒卵形、长椭圆形，稀披针形。圆锥花序顶生，长20～30 cm，分支斜生，由几个或十几个总状排列的伞形花序组成；小花白色，雌蕊有花柱，花柱粗短，不及0.5mm。小叶、花序、花均幼时有毛，长成后毛脱落。浆果，球形，成熟时黑色。

鹅掌藤

同属常见栽培种：

鹅掌藤（*S. arboricola*），别名七叶莲、七叶藤、七加皮、狗脚蹄；我国原产于西南部，印度尼西亚、澳大利亚、新西兰等地也有分布；半蔓性常绿灌木，高可达3～5m；掌状复叶小叶5～9枚，倒卵形或长椭圆形；圆锥花序长12 cm以上，分枝总状排列，小花淡绿色或青白色，雌蕊无花柱，柱头直接生于子房上；浆果，球形，成熟时橙黄色。

鹅掌藤

鹅掌藤

八角金盘

拉丁名：*Fatsia japonica*

别名：八手、手树、日本八角金盘　　**科属**：五加科八角金盘属

原产地：我国原产于台湾。日本有分布。全世界温暖地区广泛栽培。

常绿小乔木，栽培呈灌木状。叶形奇特，叶色浓绿，覆盖率高，四季青翠，极耐阴，是林下良好的常绿观叶地被植物。适应室内散射光环境，可常年盆栽观赏。耐阴植物，忌强光直射和风干燥热，性喜温暖、湿润环境，不耐旱，较耐寒，在长江流域以南地区可露地越冬。喜疏松、肥沃、排水良好的土壤。盆栽土可用草炭土、腐叶土、河沙加少量充分腐熟的有机肥配制。

形态特征：株高约 2m。幼枝嫩绿色，大型叶柄脱落后在茎上留下明显的环状叶痕，少分枝。叶掌状，大型，革质有光泽，具7～9深裂。圆锥形聚伞花序顶生，花两性，黄白色，夏秋开花。浆果球形，成熟后黑色。

通脱木

拉丁名：*Tetrapanax papyrifer*

别名：木通树、通草、大木通、大叶五加皮　　科属：五加科通脱木属

原产地：我国原产于华南及台湾的常绿阔叶林中，长江以南各地及陕西有栽培。

常绿灌木或小乔木。叶片极大，果序也大，形态较为奇特，宜在公路两旁、庭园边缘的大乔木下种植或配植。喜光，喜温暖、湿润。在疏松、肥沃的土壤上生长良好。生命力强，根的横向生长力强，并能形成大量根蘖。

形态特征：高1～3.5m。茎粗壮，不分枝。掌状单叶集生于茎的顶端，裂片5～11个，幼时有星状厚绒毛。圆锥花序顶生或近顶生，花白色。果球形，成熟时紫黑色。

洒金桃叶珊瑚

青木

拉丁名：*Aucuba japonica*

别名：桃叶珊瑚、东瀛珊瑚　　**科属**：山茱萸科桃叶珊瑚属

原产地：我国原产于湖北、四川、云南、广西、广东、台湾等地。

常绿灌木。叶色青翠、光亮，果实鲜艳、夺目，是良好的耐阴观叶、观果植物，适宜庭院、池畔、墙隅和高架桥下或在林下及阴处点缀配植。又可盆栽供室内观赏。喜半阴，夏季怕强光曝晒，喜温暖、湿润的气候，较耐寒。土壤以肥沃、疏松、排水良好的壤土为好。

形态特征：小枝绿色。叶对生，薄革质，长椭圆形至倒卵状披针形，长10～20cm，叶端具尾尖，全缘或中上部有疏齿，叶柄长约3cm。雌雄异株，圆锥花序顶生，花紫色。核果浆果状，熟时深红色。

常见栽培品种：

洒金桃叶珊瑚（'Variegata'），叶面具金黄色斑点，长江流域以南各城市常见栽培。

青荚叶

拉丁名：*Helwingia japonica*

别名：叶上花、叶上珠、大部参　　**科属**：山茱萸科青荚叶属

原产地：我国原产于黄河流域及以南各地。日本、缅甸北部、印度北部有分布。

落叶灌木。花、果着生部位奇特，有很高的观赏价值。可于园林中散植于林下观赏。也可盆栽于室内观赏。喜阴湿、凉爽环境，忌高温、干燥气候。栽培要求腐殖质含量高的森林土。

形态特征：高达2m。小枝绿色。叶互生，集生枝顶；革质或近革质；卵形，先端渐尖，长3.5～9cm，边缘具刺状细锯齿。雌雄异株；花小，黄绿色，单生或簇生于叶上面中脉的中部或近基部。浆果近球形，蓝黑色。花期4～5月；果期8～9月。

其他用途：全株入药。

红瑞木

拉丁名：*Swida alba*

别名：红梗木、凉子木　　**科属**：山茱萸科梾木属

原产地：我国原产于东北、华北、西北、华东等地。朝鲜半岛及俄罗斯也有分布。

落叶灌木。白花、绿叶、红枝，特别是秋叶变红、入冬枝干鲜红，是美丽而又珍贵的观花、观茎树种。与绿枝棣棠、金枝瑞木配植，形成五彩的观茎效果，园林中多丛植于草坪上或与常绿乔木相间种植，取得红绿相映之效果。喜半阴，喜凉爽、湿润气候，也能在湿热的环境中生长。性极耐寒，耐旱，耐修剪。喜肥沃、湿润、排水良好的沙壤土或冲积土。

形态特征：老干暗红色；小枝血红色。叶对生，椭圆形。聚伞花序顶生，花乳白色。果实乳白或蓝白色。花期5～6月；果熟期8～10月。

常见主要栽培品种：

①银边红瑞木（'Argenteo Marginata'），叶缘乳白色；

②火焰红瑞木（*S. sanguinea* 'Midwinter Fire'），冬季枝条为鲜艳的红色，叶子春夏黄绿色，秋季变橘黄色。在欧洲园林中为著名的集观枝、观叶、观花、观果于一身的灌木品种。

③花叶红瑞木（'Gouchaultii'），叶片具黄白色及粉红色斑纹；

④金边红瑞木（'Spaethii'），叶缘黄色；

沙梾

拉丁名：*Swida bretschneideri*

科属：山茱萸科梾木属

原产地：原产于我国华北及西北的陕西、甘肃等地。

落叶灌木或小乔木。树冠紧凑，枝叶茂密，树姿优美，初夏花开。树皮紫红色、光滑。在园林上可孤植或丛植于绿地。喜光，耐干旱，耐寒。根系发达，适应性强。

形态特征：高1～6m。树皮红紫色，光滑。小枝带黄绿色或微带淡红色。叶对生，叶柄长1～1.5 cm；叶片卵形、椭圆状卵形或长圆形，长4～9 cm，宽2～5 cm，全缘或微波状，背面密生伏毛及粗毛。聚伞花序；花小，乳白色，花萼裂片4。核果近球形，蓝黑色。花期6月；果期9月。

吊钟花

拉丁名：*Enkianthus quinqueflorus*

别名：铃儿花　　**科属**：杜鹃花科吊钟花属

原产地：我国原产于长江以南各地。越南亦有分布。

灌木或小乔木。花色艳丽，早春时节，先叶开花，繁花挂满枝头，令人赏心悦目。园林中可用作林下地被植物，绿化及风景区栽植等。亦可以用于盆栽或盆景；插花或切花。喜光，亦喜半阴，忌炎热，喜温暖、湿润。宜肥沃、富含腐殖质、排水良好的土壤。

形态特征：高1～3 m。多分枝。叶常密集于枝顶，互生；革质；长圆形或倒卵状长圆形，长5～10cm，宽2～4cm，边缘有细锯齿。花通常3～8朵组成伞房花序；花冠宽钟状，粉红色或红色。蒴果椭圆形。花期3～5月；果期5～7月。

马醉木

拉丁名：*Pieris japonica*
科属：杜鹃花科马醉木属

原产地：我国原产于安徽、浙江、福建、台湾等地。日本也有分布

常绿灌木或小乔木。株形优美，叶色诱人，是欧美庭院中常见的常绿灌木。在园林绿化中，常用作花篱和色块拼图。在林地配置、块状种植、下层木配置和边缘美化等方面都具有很不错的作用；也可盆栽观赏。喜半阴，怕强光曝晒，喜湿润，耐寒，在－27℃低温下能露天越冬。喜富含腐殖质、排水良好的壤土或沙质壤土。耐修剪，且萌芽力强。

形态特征：高2～4m。叶丛生枝端，革质，倒披针形或披针状长椭圆形，叶缘有细锯齿。总状花序，每花序有3～4花枝，密生坛状小花，悬垂，花冠白或白绿。蒴果球形。花期4～5月；果期7～9月。

杜鹃花

拉丁名：*Rhododendron simsii*
别名：杜鹃花、映山红、照山红、山踯躅、山石榴、唐杜鹃
科属：杜鹃花科杜鹃花属映山红亚属

原产地：原产于我国长江以南，生于海拔500～1200m山地。

落叶灌木。杜鹃花为春季开花，花大、色艳、花多而美丽的木本花卉。在园林布置上，可以效仿自然生长，将其密植于山岗坡麓，形成杜鹃山、杜鹃岭、杜鹃谷等景观。喜半阴，喜凉爽、湿润、通风的环境，既怕酷热又怕严寒，原生于山坡阴面，适宜在光照强度不大的散射光下生长。喜酸性土壤，为我国中南及西南地区典型的酸性土指示植物。

形态特征：高约2m。枝条、苞片、花柄及花等均有棕褐色扁平的糙伏毛。叶纸质，卵状椭圆形，长2～6cm。花2～6朵簇生于枝端；花冠玫红色、鲜红色或深红色，宽漏斗状，花瓣长4～5cm。蒴果卵圆形。花期4～5月；果熟期10月。

西洋杜鹃

刺毛杜鹃

刺毛杜鹃

刺毛杜鹃

盆栽杜鹃花，主要是杜鹃属中栽培较普遍的几个种的大量栽培品种。通常我们在盆花市场上看到的盆栽杜鹃，大体有5大类：西鹃、东鹃、毛鹃、夏鹃、高山杜鹃。西鹃又称西洋鹃，目前市场上最多见，它因最早在比利时、荷兰育成，来自欧洲而得名。西鹃的亲本主要是皋月杜鹃（*Rh.indicum*）、映山红（*Rh.simsii*）及毛白杜鹃（*Rh.mucronatum*），品种繁多，体型特点是矮壮，树冠紧密，花色多样，多重瓣种。东鹃又称东洋鹃，来自日本，主要是石岩杜鹃（*Rh.obtusum*）及其变种的品种，其体型特点是花小，分枝散，植株矮小。毛鹃是我国最早栽培的一类杜鹃，主要包括锦绣杜鹃（*Rh.pulchrum*）、毛白杜鹃（*Rh.mucronatum*）及其变种、杂种，其特点是植株高大，适应性强，易成活，生长健壮，目前多用于作嫁接西鹃的砧木。夏鹃即皋月杜鹃（*Rh.indicum*）原产于日本，我国广为栽培，它花开于夏季，与杜鹃（*Rh.simsii*）的区别在于雄蕊5枚，叶缘具细圆齿状锯齿。

常见栽培近缘种：

①紫花杜鹃（*Rh. mariae*），半落叶灌木。高1～3m，多分枝。叶互生，有二型：春出叶，椭圆状披针形，顶端急尖，有短硬尖头，基部楔形，叶柄较长，冬季落叶；夏出叶较小，椭圆形或倒卵形，顶端钝或尖；叶柄较短，常绿。伞形花序，顶生，有花6～22朵；花冠丁香紫色。蒴果椭圆形，长7～10mm。花期3～4月，果期7～11月。

②刺毛杜鹃（*Rh. championae*），小枝、叶柄、叶背花梗等均有开展的刚毛状的硬毛。花粉红色；花冠狭漏斗状。

羊踯躅

杜鹃花

拉丁名：*Rhododendron* spp.
科属：杜鹃花科

杜鹃花，广义的讲是指杜鹃花属 8 个亚属的几百个种。包括几十米高的大乔木至不及几十厘米的贴地生长的低矮灌木。这 8 个亚属中，有 5 个亚属（除了种类比较稀少的 3 个亚属之外）的不少种类已被成功地引种栽培。

常见栽培种：

①羊踯躅（*Rh. molle*），别名闹羊花、黄杜鹃；杜鹃属羊踯躅亚属；原产我国长江以南的广大地区，为我国最早被欧洲引种的杜鹃花；在欧洲庭院中是珍贵的树种。落叶灌木，高 1 ~ 2 m；植株无鳞片；叶片椭圆形至椭圆状倒披针形，边缘具向上微弯的刚毛；花多数，呈顶生的短总状花序，花梗无苞片，花与叶同时开放，花大，金黄色，花冠漏斗状，不在一侧开裂，花柱细长、伸直，雄蕊 5；花期 4 ~ 5 月，果期 6 ~ 7 月。

羊踯躅

羊踯躅

羊踯躅

丁香杜鹃

丁香杜鹃

②丁香杜鹃（*Rh. farrerae*），别名华丽杜鹃，杜鹃属羊踯躅亚属；原产我国江西、福建、湖南、广西、广东；落叶灌木，高1.5～3m；叶近革质，常集生枝顶，卵形；花1～2朵顶生，先花后叶，花冠辐状漏斗形，紫丁香色，花冠管短，花冠先端5裂，上方3裂片裂开小，具紫红色斑点，下方2裂片大而深裂，雄蕊8～10，不等长；蒴果密被锈色柔毛；花期5～6月，果期7～8月。

映山红杜鹃

云锦杜鹃

③云锦杜鹃（*Rh.fortunei*），杜鹃属常绿杜鹃亚属；原产我国长江以南的广大地区；继羊踯躅之后被被欧洲引种，是西方园林中杂交杜鹃的重要亲本，它的杂交后代在西方园林中无处不见。常绿灌木或小乔木，高3～12m，树冠浑圆平整；叶片革质，形似枇杷叶，正面墨绿油亮，背有黄色茸毛；顶生总状伞状花序，由6～12朵组成，花冠漏斗状钟形，大红、粉红、淡红色，雄蕊14，不等长；花期4～5月，果期8～10月。

④马银花（*Rh.ovatum*），杜鹃属马银花亚属。原产我国长江以南的广大地区。常绿灌木或小乔木，高2～4m。植株无鳞片。新枝叶出自花芽内。叶革质，卵形或椭圆状卵形，先端尖。花序腋生，单生枝端叶腋；花紫白色，辐状5深裂。蒴果卵球形，有腺毛。花期4～5月；果熟期9～10月。

云锦杜鹃

云锦杜鹃

⑤麻叶杜鹃（*Rh.coeloneurum*），别名粗脉杜鹃，杜鹃属常绿杜鹃亚属。原产于我国西南地区。常绿乔木。高3～8m。叶革质，倒披针形，上面呈泡状粗皱纹，下面被厚红棕色毛。花粉红色或淡紫色，花冠长4～4.5cm，易于它种区别。

迎红杜鹃

⑥迎红杜鹃（*Rh. mucronulatum*），杜鹃属迎红杜鹃亚属；原产于我国华北、东北及江苏、山东北部。落叶灌木，高1～2m；幼枝、花梗、叶面均疏生鳞片；叶片薄，椭圆形至椭圆状披针形，边全缘或有细圆齿；花序腋生枝顶或假顶生，1～3花伞形着生，先叶开放，花冠阔漏斗形，淡紫红色；雄蕊10，不等长；花期4～5月，果期5～7月。

⑦照山白（*Rh. micranthum*），别名铁石茶、白镜子，杜鹃属杜鹃亚属；原产于我国东北、华北、西北、华中及四川。半常绿灌木，高0.6～2m；植株被鳞片；叶较小，长3～4cm，椭圆状披针形或狭卵圆形，边缘有疏浅齿或不明显，下面无毛；花密生成总状花序，花冠较小，长4～8mm，钟形，白色。；蒴果外面有鳞片；花期5～7月，果期8～11月。

照山白

⑧白花杜鹃（*Rh. mucronatum*），杜鹃属映山红亚属；原产于我国华东、华南及西南地区。半常绿灌木，高2～3m，分枝密；幼枝、叶、花柄，子房被褐色粗伏毛或有腺毛；叶纸质，披针形至卵状披针形；伞形花序顶生，有花1～3朵，花白色，有时淡红色，阔漏斗形，芳香，雄蕊10，不等长；花期4～5月，果期6～7月。

以上种类的杜鹃花，迎红杜鹃及照山白适合我国北方地区栽培；羊踯躅、丁香杜鹃、马银花、映山红适合长江流域地区栽培；西南地区适合栽培种类及多。

根据杜鹃花的形态与色彩差异，采用多种杜鹃混合种植，构成立面高低错落、平面层次分明的园林组群；在造景上，可根据杜鹃形态、习性艺术地搭配，植株矮小、枝叶繁茂、耐修剪的灌木状杜鹃可以列植路边、墙根或花坛草坪边缘，构成绿篱，结合园林修枝，形成树球、花丛。

朱砂根

拉丁名：*Ardisia crenata*
别名：大罗伞、平地木、石青子、凉散遮金珠　**科属**：紫金牛科紫金牛属

原产地：我国原产于长江以南的广大地区。日本及亚洲南部均产。

常绿灌木。株型矮小，果熟时挂满枝头红艳可爱。挂果期极长，可从10月至翌年2月。适合盆栽观赏；也可用于庭院绿化，丛植于庭前、角隅、假山旁、溪边，也可成片种于林下作地被。喜半阴，喜温暖、湿润环境，生长适温为16～28℃，越冬温度应保持5～8℃以上。要求排水良好而肥沃的土壤。

形态特征：高达1.5m。叶片坚纸质或革质，椭圆状披针形至倒披针形，叶片边缘具皱波状或波状齿，有隆起的腺点。伞形花序或聚伞花序侧生或腋生；花白色或淡红色。果球形，鲜红色。

常见栽培变种：红凉伞（*A. crenata* var. *hortensis*），叶上面为绿色，背面为红色。

红凉伞

虎舌红

拉丁名：*Ardisia mamillata*
别名：红毛毡、乳毛紫金牛、毛凉伞、老虎脷、肉八爪、红毛针
科属：紫金牛科紫金牛属

原产地：我国原产于湖南、福建、广东、广西、四川、贵州、云南。越南亦有。

常绿小灌木。叶紫红色，果实鲜红色，叶、果并美。可盆栽观赏。华南及西南地区可群植于林下或山石两旁，以添自然景色。喜阴凉，怕阳光直射，喜湿润，忌干旱，怕水涝，不耐寒，22～30℃时抽枝发叶生长良好，30℃以上停止生长，越冬温度不需保持－3℃以上。喜肥沃、疏松、排水良好的微酸性土壤，pH6～6.5左右，

形态特征：幼枝被褐色卷曲的分节毛。叶互生或簇生于茎顶，坚纸质，椭圆形，边缘有不清晰圆齿，两面有紫红色粗毛和黑色小腺体。夏季开粉红色小花。果球形，黄豆大，疏生红色毛，成熟时鲜红色。

纽子果

拉丁名：*Ardisia virens*

别名：黑星紫金牛、圆齿紫金牛、绿叶紫金牛、大罗伞、扣子果

科属：紫金牛科紫金牛属

原产地：我国原产于台湾、海南、广西、云南等地。印度、缅甸、印度尼西亚也有分布。

常绿灌木。叶色青翠，果红色，经久不落，为观叶或观果植物。岭南地区可在林下、林缘、沟边或路旁成片种植。北方可盆栽。喜半阴、湿润环境。要求富含腐殖质的潮湿土壤，酸性或微酸性。

形态特征：高1～3m。有侧生特殊花枝外，无分枝。叶坚纸质，干后绿色，椭圆形、矩圆状椭圆形或狭矩圆状椭圆形，急尖或渐尖，边缘圆齿状或皱波状，边腺多，下面有黑腺点。复伞房花序或复伞形花序（少有伞形花序），生于侧生特殊花枝枝端；花萼长圆状卵形或几圆形，花瓣初时白色或乳黄色，渐变粉红色，长6～8 mm，有密黑腺点。果红色，直径8～9mm，有许多黑腺点。

杜茎山

拉丁名：*Maesa japonica*

别名：土恒山、水麻叶、山茄子、金砂根、白茅茶、野胡椒、山桂花

科属：紫金牛科杜茎山属

原产地：我国原产于南岭及以南各地。日本及越南也有分布。

常绿灌木。终年常绿，叶色青翠；宜在林下、林缘、沟边或路旁成片种植。喜阴湿环境，忌阳光直射。要求富含腐殖质的潮湿土壤，酸性或微酸性。

形态特征：高1～3m。直立，有时外倾或攀援。叶互生；革质，叶形变化幅度较大，倒卵形、椭圆形至披针形都有，背面中脉明显隆起。总状花序或圆锥花序；花小，白色，长钟形。果球形，肉质，熟时白色。花期1～3月；果期10月（或5月）。

蓝雪花

拉丁名： *Plumbago auriculata*
别名： 蓝茉莉、六倍、蓝雪丹、蓝花矶松
科属： 蓝雪科蓝雪属

原产地： 原产南非，世界热带各地均有栽培。

多年生草本至常绿亚灌木。叶色翠绿，花色淡雅，炎热的夏季给人以清凉感觉，成熟植株枝条悬垂，适合盆栽点缀居室、阳台；最适宜大型容器组合盆栽。在华北及其他温带地区，为温室盆栽花卉。在华南也可地栽林缘种植或点缀草坪。喜光，稍耐阴，不宜在烈日下曝晒，喜温暖，耐热，较耐高温、高湿，不耐寒冷，生长适温25℃，不耐干旱。宜在富含腐殖质、排水畅通的沙壤土上生长。

形态特征： 枝具棱槽，幼时直立，长成后蔓性。单叶互生，叶薄，全缘，矩圆形或矩圆状匙形，先端钝而有小凸点，基部楔形。穗状花序顶生和腋生；苞片比萼片短，花萼有黏质腺毛和细柔毛，花冠淡蓝色，高脚碟状，管狭而长，顶端5裂。花期6～9月。蒴果膜质。

瓶兰花

拉丁名：*Diospyros armata*

别名：玉瓶兰　　**科属**：柿科柿属

原产地：原产于我国华中地区，长江以南各地有栽培。

半常绿或常绿灌木或乔木。枝叶细密，花开芳香馥郁，果实累累，果实成熟后，果柄细长，如金丸悬挂，经久不落，是高档的观果树种。可作盆景、盆栽或庭院栽植观赏。喜光，较耐阴，阳光充足有利于结实，喜温暖、潮湿，耐旱，耐寒。在土壤肥沃、排水良好之处生长旺盛。

形态特征：高可达5～13m。叶片革质；椭圆形，上面黑绿色，有光泽。花乳白色，形似瓶，芳香。果实卵形，直径约2cm，成熟后橙红色，果柄长约1cm。花期4～5月。

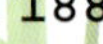

乌柿

常见栽培近缘种：

①乌柿（*D. cathayensis*），半常绿灌木或小乔木；枝有长短枝；叶纸质，披针形；果球形，直径1～3cm，黄色，果柄长约3～4cm，宿存萼的裂片卵形。

②老鸦柿（*D. rhombifolia*），落叶灌木；枝有刺；叶纸质，卵状菱形至菱状倒卵形，单生叶腋；果柄长约1.5～2.5cm，果卵圆形，橙黄色，有蜡质及光泽，宿存萼的裂片长圆状披针形。

老鸦柿雌花

老鸦柿

乌柿

山矾

拉丁名：*Symplocos sumuntia*

别名：尾叶山矾、芸香、七里香　　**科属**：山矾科山矾属

原产地：我国原产于长江以南各地，生于海拔 200～1500m 山地林中。尼泊尔、印度、不丹也有分布。

常绿灌木或小乔木。花色洁白、靓丽，叶片肥厚、浓绿、油亮，适合作庭院树、小型行道树。耐阴，喜温暖、湿润气候，耐寒。在肥沃、深厚的黄棕壤或黄壤里均生长良好。深根性，侧根发达，萌芽力较强，生长较慢。

形态特征：幼枝褐色，被柔毛。叶薄革质，卵状披针形、狭卵形或椭圆形，顶端尾状渐尖，基部楔形，边缘具浅锯齿。总状花序；花萼筒无毛，裂片有微柔毛；花冠 5 深裂，几达基部。核果黄绿色，坛状。

其他用途：果实榨油，可作润滑油。木材坚韧，可制家具或其他工具。叶酸涩，可治久痢。

白檀

拉丁名：*Symplocos paniculata*
别名：碎米子树、乌子树、山葫芦、灰木、砒霜子、白花茶
科属：山矾科山矾属

原产地：我国原产于北自辽宁、南至四川、云南、福建、台湾的广大地区，华北地区山地多见野生。朝鲜半岛、日本、印度也有分布。

落叶灌木或小乔木。树形优美，枝叶秀丽，春日白花，秋结蓝果，是良好的园林绿化点缀树种，在河溪两岸生长良好，适合作护堤树种。喜光，稍耐阴，喜温暖、湿润的气候，耐寒，耐干旱、瘠薄。喜深厚、肥沃的沙质壤土。深根性树种，适应性强。

形态特征：高可达5m。冬芽叠生。叶互生，纸质，卵状椭圆形或倒卵状圆形，边缘有细锯齿。圆锥花序生于新枝顶端或叶腋；小花白色，芳香。核果成熟时蓝黑色，斜卵状球形，萼宿存。花期5月；果熟期10月。

其他用途：木材细密，可供细木工用材。种子可榨油，供制油漆、肥皂等。根皮与叶可作农药。

秤锤树

拉丁名：*Sinojackia xylocarpa*

别名：捷克木　　**科属**：野茉莉科秤锤树属

原产地：原产于我国江苏、河南。南京、上海、杭州、武汉、青岛、郑州等地的植物园、树木园等园林绿化场所有引种栽培。

落叶灌木。春季开花，花白如雪，秋季果实累累，形似秤锤，果序下垂，随风摆动，颇为独特，有很高的观赏价值。可群植于山坡，或与湖石或常绿树配植，也可盆栽或制成盆景。极具开发前景。喜光，较耐旱，忌水淹。喜深厚、肥沃、排水良好的沙质壤土。

形态特征：高达6m。单叶互生，椭圆形或椭圆状倒卵形，边缘有细锯齿。花两性，白色，3～5朵组成总状聚伞花序，生于侧枝顶端。坚果木质，下垂，熟时栗褐色。花期3～4月；果期7～9月。

连翘

拉丁名：*Forsythia suspensa*

别名：一串金、旱连子、黄寿丹、连壳、黄花条、青翘　　**科属**：木犀科连翘属

原产地：原产于我国河北、山西、陕西、甘肃、宁夏、山东、江苏、河南、江西、湖北、四川及云南等地。

落叶灌木。早春先叶开花，满枝金黄，艳丽可爱，是早春优良观花灌木。适宜于宅旁、亭阶、墙隅、篱下与路边配置，也宜于溪边、池畔、岩石、假山下栽种。因根系发达，可作花篱或护堤树栽植。喜光，喜温暖、湿润环境，不耐热，耐寒。对土壤要求不严。

形态特征：高2～3m。茎丛生，枝条细长开展或下垂；小枝略具4棱，中空无髓心。叶片为单叶对生，叶片卵形至长卵形，边缘有不整齐锯齿；也有三裂叶至三出复叶。花黄色，先叶开放，1～6朵，腋生。蒴果狭卵形。花期3～4月。

其他用途：茎、叶、果实、根均可入药。

金钟花

拉丁名：*Forsythia viridissima*

别名：黄金条、单叶连翘、狭叶连翘、迎春条　　**科属**：木犀科连翘属

原产地：原产于我国长江以南，南岭以北的广大地区。除华南外，全国各地有栽培。

落叶灌木。先叶而花，金黄灿烂，可丛植于草坪、墙隅、路边、树缘，院内庭前等处。应用同连翘，植株较连翘略窄小些。喜光，略耐阴，喜温暖、湿润环境，较耐寒，耐干旱，较耐湿。适应性强，对土壤要求不严。根系发达，萌蘖力强。

形态特征：高1～3m。枝条直立；小枝近四棱形，微弯拱，髓呈薄片状。单叶对生，叶片椭圆形至披针形，上部边缘有细齿或近全缘。花1～3朵，腋生，金黄色。蒴果卵圆形。花期3～4月。

流苏树

拉丁名：*Chionanthus retusus*

别名：隧花木、炭栗树、萝卜丝花、四月雪、六月雪、牛筋条、白花茶

科属：木犀科流苏树属

原产地：原产于黄河流域及以南各地。日本、朝鲜半岛也有分布。

落叶灌木或乔木。枝叶繁茂，花期如雪压树，且花形纤细，秀丽可爱，是优美的园林观赏树种，不论点缀、群植均具很好的观赏效果。喜光，较耐阴，喜温暖气候，也颇耐寒，耐干旱、瘠薄，不耐水涝。喜中性及微酸性土壤。

形态特征：高达20m。树皮薄片状剥裂。叶对生，卵形至倒卵状椭圆形，全缘或有小锯齿。雌雄异株，聚伞状圆锥花序顶生，疏散，花冠裂片线形，白色，花筒短。核果椭圆形，蓝黑色。

雪柳

拉丁名：*Fontanesia fortunei*
别名：五谷树、挂梁青　　**科属**：木犀科雪柳属

原产地：原产于我国中部至东部。辽宁、吉林、北京，直到广东均有栽培，尤以江浙一带最为普遍。

落叶灌木或小乔木。枝条稠密柔软，叶细如柳，晚春白花满树，宛如积雪，颇为美观。可丛植于庭园观赏，或作高绿篱，也可群植于风景区或森林公园。喜光，稍耐阴，喜温暖，较耐寒。喜肥沃、排水良好的土壤。

形态特征：高可达5m。树皮灰褐色，枝灰白色。小枝细长，四棱形，光滑。叶披针形至卵状披针形，长3～11cm，先端渐尖，全缘。叶柄短或无。圆锥花序顶生或腋生；花白绿色，有香味。翅果扁平，倒卵形。花期5～6月；果期8～9月。

其他用途：茎、叶可代茶；茎皮可制人造棉。

云南黄馨

拉丁名：*Jasminum mesnyi*

别名：南迎春、野迎春、云南黄素馨　　**科属**：木犀科素馨属

原产地：原产于云南、贵州、四川西南部。现长江以南各地均有栽培。

常绿灌木。枝叶垂悬，树姿婀娜，春季花与叶同时绽开，十分素雅，为良好的园景植物。宜栽于水边驳岸或土墙的边缘，或栽于路边林缘；也是盆栽、制作盆景和切花的极好材料。喜光，稍耐阴，喜温暖、湿润，畏严寒。在排水良好、肥沃的酸性沙质壤土上生长良好。萌蘖力强。

形态特征：小枝无毛，四方形，具浅棱。叶对生，三出复叶或小枝基部具单叶。花单生，黄色，花冠漏斗状，直径2～4.5cm，花瓣较花筒长，常近于复瓣，有香气。花期3～4月。

常见栽培近缘种：

①探春（*J. floridum*），直立或攀缘灌木；小枝绿色有角棱。奇数羽状复叶互生，小叶3～5枚，先叶后花，花黄色，花序为顶生多花的聚伞花序。

②矮探春（*J. humile*），直立灌木；羽状复叶，小叶5～7枚；5～7月开花，聚伞花序顶生，具花3～8朵；花冠黄色。

探春

探春

迎春

拉丁名：*Jasminum nudiflorum*

别名：金腰带、清明花　　**科属**：木犀科素馨属

落叶灌木。因开花最早，花后即迎来百花齐放的春天而得名。3～4 月开花，枝条披垂，花色金黄，为北方园林中常见的早春花灌木。园林中宜配置在湖边、溪畔、桥头、墙隅或在草坪、林缘、坡地。喜光，稍耐阴，略耐寒，在华北地区可露地越冬。喜疏松、肥沃和排水良好的沙质土，怕涝，在酸性土中生长旺盛，碱性土中生长不良。根部萌发力强。枝条着地部分易生根。

形态特征：枝条细长，四棱形，绿色，三出复叶，全缘。花单生于叶腋间，花冠高脚杯状，鲜黄色。根据细胞学研究，本种有可能是云南素馨的北方衍生种。

其他用途：花、叶、嫩枝均可入药。

矮探春

矮探春

小蜡

拉丁名：*Ligustrum sinense*

别名：山紫甲树、山指甲、黄心柳、水黄杨、千张树　　**科属**：木犀科女贞属

原产地：我国原产于长江以南各地。越南也有分布。

常绿灌木。枝叶紧密、圆整，庭园中常栽植作绿篱；规则式园林中常可修剪成几何形体；也可丛植或配植于林缘、池边、石旁。喜光，稍耐阴，耐热，耐寒，耐旱，耐瘠。耐修剪，易移植，生长速度中等。适应范围极广，我国长江以南各地均有栽培，陕西南部有引种。

形态特征：高 2 m 左右。枝条密生短柔毛。叶薄革质，椭圆形至椭圆状矩圆形。顶生圆锥花序长 4 ~ 10cm；花白色，花冠筒比花冠裂片短。核果近圆状。花期 4 ~ 5 月。

常见栽培品种及近缘种：

①银姬小蜡（*L. sinense* 'Variegatum'），叶色银绿或乳白。

②小叶女贞（*L. quihoui*），落叶或半常绿灌木；叶薄革质，无毛；圆锥花序长 1.5 ~ 5.0cm，花白色，芳香，花冠裂片与筒部等长。

银姬小蜡

银姬小蜡

金叶女贞

小叶女贞

拉丁名：*Ligustrum quihoui*

别名：小叶冬青、小叶水蜡树　　**科属**：木犀科女贞属

原产地：我国原产于中部、东部和西南部。

常绿灌木。枝叶紧密、圆整，且耐修剪，生长迅速，是园林绿化的常用的绿篱树种，也可修剪成球形，或用于绿地广场的图案装饰。喜光，稍耐阴，较耐寒，华北地区可露地栽培。对土壤要求不严，但以疏松、肥沃、通透性良好的沙质壤土最好。对二氧化硫、氯等有害气体有较强的抗性。

形态特征：高2～3m。枝淡棕色，圆柱形，密被微柔毛，后脱落。叶片薄革质，较小，形状和大小变异较大，披针形至倒卵形均有，叶缘反卷，上面深绿色，下面淡绿色，两面无毛。圆锥花序顶生，近圆柱形。核果宽椭圆形，紫黑色。

常见栽培近缘种：

金叶女贞（*Ligustrum × vicaryi*），初生叶片金黄色，老叶绿色，有光泽。由卵叶女贞（*L.ovalifolium*）的金边变种与欧洲女贞（*L.vulgale*）杂交育成。具极佳的观赏效果。

金森女贞

日本女贞

拉丁名： *Ligustrum japonicum*

别名： 女贞木、冬青木　　**科属：** 木犀科女贞属

原产地： 我国原产于华北及华东地区。日本及韩国也有分布。各地广泛栽培。

常绿灌木。全株无毛，新叶鹅黄色，老叶呈绿色。适应性强，管理粗放，是园林绿化的常用树种。可修剪成球形，也可用于绿地广场的组字或图案及小庭院装饰。喜光，耐阴性较差，耐寒力中等，适应性强。对土壤要求不严，但以疏松肥沃、通透性良好的沙质壤土最好。

树皮、叶和果实有毒，家畜误食后可导致中毒死亡。

形态特征： 高2～3m。单叶，革质，对生，广卵形或卵状长椭圆形，具叶柄，叶基锐形，先端钝或锐，全缘，花冠漏斗状。

常见栽培品种：

金森女贞（*L. japonicum* 'Howardii'），春季新叶鲜黄色，至冬季转为金黄色，部分新叶沿中脉两侧或一侧局部有云翳状浅绿色斑块，节间短，枝叶稠密。

金森女贞

柊树

拉丁名：*Osmanthus heterophyllus*

别名：刺桂、异叶木犀　　**科属**：木犀科木犀属

原产地：我国原产于台湾及华南地区。日本也有分布。适宜长江流域及以南地区栽培。

即可观花亦可观叶，园林中用作绿篱或群植、列植观赏。叶色丰富，新叶粉紫至古铜色，成叶黄绿色，并有灰绿、金黄和乳白等色变种，有的随机散布斑点、斑块。喜半阴，喜温暖、湿润气候，稍耐寒，生长慢。

形态特征：常绿灌木或小乔木。株高2～8m。叶对生，革质；深绿色，卵形至椭圆形，叶缘具刺状齿。花簇生于叶腋，白色，具甜香。核果。花期10～11月。

紫叶柊树

常见主要栽培品种：

①金边柊树（'Aureo-marginatus'），叶片较小，叶缘黄色，沿主脉绿色。

②五彩柊树（'Coshiki'），叶片布满黄白色斑，新叶红、玫瑰红或白色等。

③银斑柊树（'Variegatus'），叶片边缘白色，中间绿色不规则。

④竹叶柊树（'Sasaba'），树冠圆球形，叶片深裂，裂片披针形。

⑤紫叶柊树（'Purpurascens'），株型紧密，新叶深紫色，后变为绿色。

茉莉花

拉丁名：*Jasminum sambac*
别名：茉莉　　**科属**：木犀科素馨属

原产地：原产印度。中国南方和世界热带、亚热带地区广泛栽培。

常绿小灌木。叶色翠绿，花色洁白，香味浓厚，由初夏至晚秋开花不绝，清雅宜人。为常见的庭园及盆栽观赏芳香花卉。喜光，耐半阴，喜温暖、湿润、通风良好的环境，畏旱，要求土壤保持湿润，不耐霜冻。喜肥，花期尤甚，喜富含腐殖质的微酸性砂质壤土，不耐碱土。

形态特征：枝条细长，小枝有棱角。单叶对生；宽卵形或椭圆形，叶脉明显。聚伞花序顶生或腋生，有花3～9朵；花冠白色，极芳香。花期6～10月。

其他用途：可提取茉莉花油。花、叶和根均可药用。

常见栽培近缘种：素方花（*J. officinale*），小枝细而有角棱；羽状复叶，小叶5～9枚；聚伞花序顶生，有花数朵，白色，有芳香。

山桂花

拉丁名：*Osmanthus delavayi*

别名：豆瓣香、管花木犀、千年矮、豆瓣叶　　**科属**：木犀科木犀属

原产地：我国原产于广东、广西、云南、四川、贵州等地。印度、缅甸、泰国、马来西亚、印度尼西亚均有分布。

常绿灌木。叶小而密，分枝多，易修剪，可作绿篱或丛植、列植。花芳香，浆果红色，可作观果和赏香灌木。目前我国园林中还极少应用。喜光，耐半阴，喜温暖、湿润气候。在深厚、肥沃、排水良好的酸性土壤上生长良好。

形态特征：高1～3m。幼枝红棕色，密被柔毛。叶厚革质，卵圆形，叶缘具10～12对齿。花4～5朵簇生叶腋或枝顶，芳香，具长的花冠筒，白色。果红色，近球形。花期4～5月；果期10～12月。

丁香

拉丁名：*Syringa* spp.

别名：紫丁香、百结　　**科属**：木犀科丁香属

原产地：我国是丁香的分布中心。全世界本属植物约有32种，我国产27种，分布于从东北，华北、西北、南到云南和西藏的广大地区。

落叶小灌木或大灌木。开花早，花序大而多，具有独特的芳香。为我国北方园林中重要的观花树木；也是世界各国园林中不可缺少的花木。可在庭前、窗外孤植，也可与其他花木搭配列植于路边、或丛植于向阳坡地、林缘，或与各种丁香搭配，布置成丁香专类园。喜光，耐寒，不耐热，在夏季炎热地区生长不良。喜碱性土壤，在酸性土壤中生长不良。

形态特征：高1～4m（稀10余米）。单叶对生，有叶柄，叶多为卵圆形或肾脏形，先端锐尖，叶基心脏形，全缘；少数种类叶片分裂，或为羽状复叶。圆锥花序顶生或腋生；花两性，芳香；花萼钟状，有4齿，花冠漏斗状，花冠筒细，花瓣4裂；花紫，白、紫红、蓝紫等色；雄蕊2；柱头2裂；蒴果。一般初春开花。

我国常见栽培的野生原始种：

①暴马丁香（*S.amurensis*），高4～8m（可达20m）；叶卵形至宽卵形，叶背网状侧脉明显隆起；圆锥花序自侧芽抽出，花冠筒略长于花萼，花丝明显长于花冠裂片，约为其2倍，花白色。

②北京丁香（*S.pekinensis*），高3～5m，叶卵形至卵状披针形，叶背网状侧脉隆起不明显；圆锥花序自侧芽抽出，花冠筒与花萼几相等，花丝伸出花冠筒外，雄蕊短于花冠裂片或等长，花白色。

③红丁香（*S.villosa*），高3～4m（可达20m）；叶宽椭圆形至长椭圆形，叶背有白粉，近中脉处多有毛；圆锥花序自顶芽抽出，花序紧密，花药伸至花冠筒喉部或稍突出，花紫红色。

④西蜀丁香（*S.komarowii*），高3～5m；叶卵状长圆形至椭圆状披针形，叶背多少被毛；圆锥花序自顶芽抽出，微下垂，花冠筒中部以上逐渐张开，花冠裂片较直，花紫红色至粉红色。

⑤垂丝丁香（*S.komarowii* var. *reflexa*），西蜀丁香的变种，但花色较淡，花冠外面粉红或淡紫色，内面白色，花序细长下垂。

⑥辽东丁香（*S.wolfii*），高4～5m；叶矩圆形至长矩圆形，叶背灰绿色，多少被毛；圆锥花序自顶芽抽出，直立，花冠筒中部以上逐渐张开，花冠裂片较直，花青紫、淡紫色、具浓郁芳香，花药不伸出，包于花冠筒内。

⑦花叶丁香（*S.persica*），高约2m；叶椭圆状披针形，全缘或常出现2～4羽状裂；圆锥花序自侧芽抽出，花冠淡紫色，筒细长。

⑧小叶丁香（*S.microphylla*），幼枝具绒毛；叶明显较其他种类小，长1～4cm，宽1～2.5cm；圆锥花序自侧芽抽出，花序紧密，花细小，淡紫红色，每年开2次花，春、夏各1次。

红丁香

欧洲丁香

⑨紫丁香（*S.juliana*），高1.5～4m；叶卵形倒卵形或披针形，叶背灰绿，多有毛；圆锥花序自侧芽抽出，花梗粗壮，有短柔毛，花冠筒长不及1cm，花冠裂片卵状长圆形，先端近急尖，雄蕊内藏，不伸出花冠筒喉部，花药蓝紫色，花淡紫色，芳香。

⑩华北紫丁香（*S.oblate*），高可达4m；叶圆卵形至肾形，无毛，秋叶橙色或紫红色；圆锥花序自侧芽抽出，花冠筒长不及1～2cm，花冠裂片卵圆形，先端略尖，雄蕊内藏，不伸出花冠筒喉部，花药黄色，花紫色、蓝紫色、淡粉红色，芳香。

⑪白丁香（*S.oblate* var.*affinis*），为华北紫丁香的天然变种。小枝具细柔毛，叶小而疏生柔毛，秋叶变金黄，花白色。

国外常见栽培的野生原始种：

①欧洲丁香（*S.vulgaris*），幼枝低垂；叶宽椭圆形至长椭圆形，无毛，秋叶绿色至脱落；圆锥花序自侧芽抽出，花序紧凑丰满；花淡紫色、芳香。有各种花色的栽培品种。

②匈牙利丁香（*S.josikaea*），高可达5m；叶圆卵形至肾形，叶背被白色短柔毛；圆锥花序自顶芽抽出，花序轴直立向上，有毛，花冠裂片卵形，直立或微开张，雄蕊内藏，不伸出花冠筒喉部，花淡紫色、芳香。有各种花色的栽培品种。

从19世纪中叶开始，欧、美各国植物园陆续从我国引种野生丁香种质资源，现已培育出栽培品种1000个以上，世界各国温带地区广泛栽培。20世纪50年代以后，我国也培育出许多自己的品种。这些园林品种的亲本主要是：红丁香、华北紫丁香、白丁香、欧洲丁香、匈牙利丁香。

毛叶丁香

欧洲丁香

大叶醉鱼草

拉丁名：*Buddleja davidii*
科属：马钱科醉鱼草属

原产地：我国原产于长江流域及以南地区。日本有分布。

落叶灌木。园林绿化中可用来点缀草地，也可用作道路、坡地、墙隅绿化美化，或布置花坛。也可作切花用。当年扦插当年成苗。喜光，喜温暖，耐寒，北京地区可露地越冬。耐旱，性强健，适应力强，喜欢生长于高燥、排水好的地方。植株萌发力强，耐修剪。

形态特征：高3～5m。枝四棱形。单叶对生；叶椭圆状披针形，长10～20 cm，色灰绿，叶片边缘具明显锯齿，背面密被白色绵毛和星状毛。多数小聚伞花序集成穗状圆锥花序，长约40cm；花4数，花径约5mm，花萼钟状；花色丰富，有紫、红、暗红、白色等品种，芳香。花期6～9月。

其他用途：根皮及枝叶可入药。渔民常采其花、叶用来麻醉鱼，因此得名醉鱼草。

常见栽培近缘种：互叶醉鱼草（*B.alternifolia*），叶在长枝上互生，短枝上簇生，线状披针形，通常全缘，长4～8cm，叶背具灰白色绒毛；簇生状圆锥花序生于去年生枝上，基部有少量小叶，花冠紫蓝色，花芬芳。华北太行山及西北、西南地区有分布，较耐干旱。

互叶醉鱼草

灰莉

拉丁名：*Fagraea ceilanica*

别名：非洲茉莉　　**科属**：马钱科灰莉属

原产地：我国原产于台湾、海南、广东、广西、云南南部。印度、中南半岛和东南亚各国有分布，且广泛栽培。

常绿灌木或乔木，有时可呈攀缘状。枝叶茂密，枝叶均为深绿色，花大而芳香，为良好的庭院观赏植物，在华南、西南地区常作球形造型灌木树种。是重要的室内大型盆栽植物。喜光，耐阴，不耐寒，在南亚热带地区终年青翠碧绿，长势良好。对土壤要求不严，适应性强，易栽培。

形态特征：叶对生，革质稍肉质，椭圆形或倒卵状椭圆形，长5～10cm，侧脉不明显。花单生或为二歧聚伞花序；花冠漏斗状或近高脚碟状，裂片5，白色，有芳香。浆果近球形，淡绿色。

鸡骨常山

拉丁名：*Alstonia yunnanensis*
别名：三台高、野辣子、细骨常山、红花岩托、野辣椒
科属：夹竹桃科鸡骨常山属

原产地：我国特有种。原产于云南、贵州、广西。生于海拔1000～2400m 山坡或沟谷地带灌木丛中。

常绿灌木。株型圆整，叶姿优美，花芳香、美丽，适合庭院观赏、丛植。国内迄今多为药用栽培，园林应用极少，极具开发前景。尤其适宜西南地区栽培。

形态特征：高1～3m。有乳汁。枝轮生。叶3～5 枚轮生，倒卵状或椭圆状披针形，无柄。花多朵排成顶生或近顶生的聚伞花序；花冠紫红色，5 裂，高脚碟状，筒中部膨大，芳香。

黄蝉

拉丁名：*Allemanda neriifolia*

科属：夹竹桃科黄蝉

原产地：原产巴西。我国华南及西南地区常见栽培。

常绿灌木。花大、花多，色鲜艳，栽培容易，作为观赏植物在世界各地广泛栽培。适于公园、绿地、阶前、池畔、路旁群植或作花篱。耐贫瘠，抗污染，可用于工厂矿区作为绿化植物。华南地区广泛栽培，北方可室内盆栽。喜光，喜高温、多湿。适合于肥沃、排水良好的土壤。

形态特征：高1～2m。植物体具乳汁。叶3～5片轮生，长椭圆卵形，全缘。聚伞花序顶生；花柠檬黄色，直径约4 cm，花冠裂片5，花冠管基部膨大呈漏斗状，内面具红褐色条纹。花期4～12月。

其他用途：全草可入药。乳汁有毒，可杀虫。

软枝黄蝉

大花软枝黄蝉

常见栽培近缘种及品种：

①软枝黄蝉（*A.cathartica*），叶倒卵状披针型或长椭圆型；花腋生，聚伞花序，花冠漏斗状五裂，裂片卵圆形，金黄色，冠筒细长，喉部橙褐色。

②大花软枝黄蝉（*A.cathartica* var. *hendersonii*），攀援灌木，高2～4m；叶卵状披针形；花大，直径可达10cm，黄色。

软枝黄蝉

重瓣软枝黄蝉

大花假虎刺

拉丁名：*Carissa grandiflora*

别名：美国樱桃、大花刺郎果　　**科属**：夹竹桃科假虎刺属

原产地：原产南非。现广泛种植于热带、亚热带地区。我国广东南部有栽培。

常绿灌木。枝叶密集，形态优美，花香、果艳，可供庭园美化。也可盆栽观赏。喜光，喜高温，生长适温20～30℃，越冬温度5～10℃，耐旱，性强健。栽培土质不拘，以疏松、肥沃、排水良好的沙质壤土或壤土为佳。

形态特征：株高1～2m。枝叶无毛。叶对生；厚革质，阔卵形或椭圆形，先端钝形并有短尖头；叶腋生有分叉枝刺。聚伞花序顶生，花冠高脚碟状，5裂，白色，具芳香。浆果卵圆形至椭圆形，熟时鲜红色，具白色乳汁，味微甜。花期全年，但以春、秋季为盛期。

其他用途：果可生食，在原产地人们常用它制果酱或作饼馅。

夹竹桃

拉丁名：*Nerium indicum*

别名：柳叶桃、半年红　　**科属**：夹竹桃科夹竹桃属

原产地：原产于伊朗、印度等国家。现广植于世界热带地区。我国各地广为栽培。

常绿灌木。四季常绿，花期长，花朵美丽，园林绿化中应用较广泛，可作行道绿篱、自然式栽培、草地边缘或群植丛植等。长江流域以南城市及农村均有栽培。北方盆栽观赏。喜光，喜温暖、湿润气候，不耐寒，忌水渍，耐一定程度空气干燥。适生于排水良好、肥沃的中性土壤中，微酸性、微碱性土也能适应。对灰尘及有害气体有很强的吸收能力。是厂矿绿化的好材料。

形态特征：高可达 5 m 。叶 3 ~4 枚轮生，窄披针形。聚伞花序顶生；花萼直立；花冠深红色、白色、淡黄色、粉红色等，芳香，单瓣或重瓣。蓇葖果矩圆形。

其他用途：茎皮纤维可用于纺织；种子含油量高，可制润滑油；全株具毒，人、畜误食可致死。

沙漠玫瑰

拉丁名：*Adenium obesum*

别名：天宝花　　**科属**：夹竹桃科沙漠玫瑰属

原产地：原产于非洲的肯尼亚。我国南方引种栽培。

常绿灌木。基部膨大如酒瓶，茎干似棒槌，树形古朴苍劲，委婉曲折，花优雅别致。热带植物，我国引入主要作为盆栽植物观赏。也见于局部专类园的造景。喜光，喜高温、干燥，耐酷暑，不耐寒，越冬温度不能低于10℃，耐干旱，忌水湿。栽培以富含钙质、排水良好的沙壤土为宜。

形态特征：茎粗，肉质，基部膨大。单叶互生，倒卵形，革质，有光泽，全缘。伞形花序顶生，着花2～10朵或更多；花喇叭状，长6～8cm，花冠5裂，花色有玫瑰红、粉红、红、白及复色等。每年4～5月和9～10月两度开花。

萝芙木

拉丁名：*Rauvolfia verticillata*

别名：鱼胆木、山马蹄、刀伤药　　**科属**：夹竹桃科萝芙木属

原产地：我国原产于广西、广东、台湾、云南、贵州等地。越南也有分布。

常绿灌木。树冠整齐，叶色美丽，适合庭院观赏、丛植。国内以往作为重要的药用植物栽培，园林应用较少。喜温暖、湿润环境，不耐寒。土壤以肥沃、疏松、湿润的沙壤土及壤土为好。

形态特征：高可达3m。具乳汁。茎下部枝条有圆形淡黄色皮孔，上部枝条有棱。3～4叶轮生，稀对生；长椭圆状披针形，全缘或微波状。聚伞花序顶生；花萼5深裂，花冠白色，高脚碟形，5裂。核果卵圆形或椭圆形，成熟后紫黑色。花期3～12月。

其他用途：全株入药，有降压、镇静、活血、止痛，清热、解毒之功效。

狗牙花

拉丁名：*Ervatamia divaricata*

别名：马蹄香　　**科属**：夹竹桃科狗牙花属

原产地：原产于我国云南南部。印度也有分布。广泛栽培于亚洲热带、亚热带地区。

常绿灌木。花香，耐阴，在我国华南沿海地区为常见的观花绿篱植物。喜半阴，喜高温、湿润，不耐寒。喜肥沃、排水良好的酸性土壤。

形态特征：有乳汁。叶对生；坚纸质，椭圆形或长椭圆形，长5～12cm。聚伞花序腋生，通常双生，集在小枝端部呈假二歧状，有花6～10朵；花萼5裂，花冠白色，花瓣5。

常见栽培品种：重瓣狗牙花（'Gouyahua'），边缘有皱褶。蓇葖果叉开或弯曲。花期6～11月。

其他用途：叶及根可药用。

鸡蛋花

拉丁名：*Plumeria rubra*
别名：缅栀子、蛋黄花 、大季花、印度素馨、鹿角树
科属：夹竹桃科鸡蛋花属

原产地：原产于墨西哥。我国广东、广西、云南、福建等地有栽培。

落叶灌木或小乔木。叶大，整齐、美丽，夏季开花清香优雅，冬季树干弯曲自然优美，适合于庭院、草地中栽植。也可盆栽。喜光，喜高温、高湿，生长适温为23～30℃，夏季能耐40℃的极端高温，生性强健，耐干旱，畏寒冷，但忌涝渍。栽培以深厚、肥沃、排水良好、富含有机质的酸性沙壤土为佳，但也耐碱性土。

形态特征：高达4～5m。小枝肥厚肉质。叶大，互生；羽状脉，厚纸质，多聚生于枝顶。花数朵聚生于枝顶；花冠喇叭状，5裂，裂片假覆瓦状排列，花冠筒状外面乳白色，中心鲜黄色，极似蛋白包裹着蛋黄，气味极芳香。双生蓇葖果。

其他用途：花可提香料，或晒干后供制饮料和药用。

唐棉

拉丁名：*Gomphocarpus fruticosus*

别名：钉头果、河豚果、棒头果、气球果　　**科属**：萝藦科钉头果属

原产地：原产于非洲。我国各地有零星栽培。

作为插花花材由我国台湾引入栽培，在广东栽培成功后，各地有零星栽培，近年在北京地区播种栽培成功，生长良好。果及花均奇特可爱，观赏价值高，但植株纤细，易倒伏，园林应用需考虑配置方法。栽培时宜选避风处，以免被风吹倒。

形态特征：全株具白色乳汁。枝条纤细，似柳枝。叶对生，形似柳叶，正面色浓绿，背面淡绿。伞形花序，腋生；小花乳白色，下垂，花冠5裂。蓇果表皮被粗毛，鼓胀呈卵球形，中空无果肉；种子附生银白色绢毛，易随风飘散。花期7～12月（或全年）。

其他用途：可作纤维植物。

蓝星花

拉丁名：*Oxypetalum caeruleum*

别名：星形花、雨伞花　　**科属**：旋花科蓝星花属

原产地：原产于北美洲。我国台湾普遍栽培；大陆华南地区近年引种。

多年生半蔓性常绿灌木。花期长，花色独特，盛开时朵朵蓝花缀在枝叶中，在夏季尤其给人凉爽的感觉。适合庭院美化，可以在花坛、盆栽或地被种植。喜光，光线充足便花开不断，如果光线不足，枝条易徒长，开花情形也不佳，耐热，耐旱，喜肥沃的沙质土壤。适合长江以南地区栽培，为极具潜力的园林地被植物。

形态特征：高30～60cm。茎叶密被白色绵毛。叶互生；长椭圆形，全缘。花腋生；花冠蓝色，中心星形白色。花期全年。

基及树

拉丁名：*Carmona microphylla*

别名：福建茶、猫仔树　　**科属**：紫草科基及树属

原产地：我国原产于广东、台湾、海南。热带树种，亚洲南部及东南部，大洋洲诸岛屿有分布。广东、福建、台湾、广西等地普遍栽培。

常绿灌木。园林中常用作绿篱、花坛图案、片植或制作盆景。喜光，喜温暖、湿润的气候，不耐寒。适生于疏松、肥沃、排水良好的微酸性土壤。萌芽力强，耐修剪。

形态特征：高可达 3 m 。多分枝。叶在长枝上互生，在短枝上簇生；叶小，革质，深绿色，边缘常反卷，倒卵形或匙状倒卵形，或先端有 1 ~4 粗齿、圆齿，表面有光泽，有白色小斑点。花腋生，2 ~6 朵聚成疏松的团伞花序；花萼及花瓣均 5 裂，花冠白色。核果球形，成熟时红色或黄色。

紫珠

拉丁名：*Callicarpa bodinieri*

别名：白棠子树　　**科属**：马鞭草科紫珠属

原产地：我国原产于长江流域及以南各地。日本、越南有分布。

落叶灌木。株形秀雅，花色绚丽，果实圆润，色彩鲜艳，犹如一颗颗紫色的珍珠，是既可观花又能赏果的优良花卉。常用于园林绿化或庭院栽种，也可盆栽观赏。其果穗还可剪下作切花材料。喜光，也耐阴，喜温暖、湿润环境，不太耐寒，北方地区可选择背风向阳处栽种。

形态特征：株高1.2～2m。单叶对生；叶片倒卵形至椭圆形，先端渐尖，边缘疏生细锯齿。聚伞花序腋生，具总梗；花冠淡紫色，花丝长于花冠，约为花冠的2倍。果实球形，紫色，有光泽。花期6～8月；果期8～11月。

臭牡丹

拉丁名：*Clerodendrum bungei*

别名：大红袍、臭八宝、矮童子、臭枫草、臭梧桐、臭树

科属：马鞭草科赪桐属

原产地：我国原产于黄河流域及以南地区。越南、印度、马来西亚也有分布。

落叶或常绿灌木。叶色浓绿，顶生紧密头状红花，花朵优美，花期亦长，适宜栽植于坡地、林下或树丛旁，也可作地被植物。植株有臭味，不适合在居住区使用，可用于大面积风景林中林下配置。喜光，和湿润环境，适应性强，耐寒耐旱，也较耐阴，宜在肥沃、疏松的腐叶土中生长。

形态特征：髓心白色。叶有强烈臭味，宽卵形或卵形，边缘有锯齿。聚伞花序紧密，顶生；花冠淡红色或红色、紫色，有臭味。核果倒卵形或卵形，成熟后蓝紫色。

其他用途：我国以往作为药用植物资源，园林中应用较少。

常见栽培近缘种：臭茉莉（*C. fragrans*）、重瓣臭茉莉（*C.philippinum*）。

重瓣臭茉莉

赪桐

拉丁名：*Clerodendrum japonicum*

别名：朱桐、红顶风、状元红、红花倒血莲　　**科属**：马鞭草科赪桐属

原产地：我国原产于长江以南。印度、日本、马来西亚也有分布。

多年生落叶或常绿灌木。花果期长达半年，花色艳丽，是很好的观花、观果花木，主要用于公园、楼宇、人工山水旁的绿化，成片栽植效果极佳；也可用作花坛材料或供草地丛植。北方适合盆栽。喜半阴，喜高温、湿润，耐瘠薄，忌干旱，忌涝，畏寒冷，生长适温23～30℃。喜土层深厚的酸性土壤。

形态特征：高1.5～2m。茎直立，不分枝或少分枝；幼茎四方形，深绿色至灰白色。叶对生，心形，纸质，腹面深绿色，背面灰绿色，叶缘浅齿状；叶柄特长，约为叶片的2倍，长30～35cm。总状圆锥花序顶生，向一侧偏斜；花小，但花丝长；花萼、花冠、花梗均为鲜艳的深红色。果圆形，蓝紫色。花期5～11月；果期12月至翌年1月。

苦郎树

拉丁名： *Clerodendrum inerme*

别名： 许树、苦蓝盘、假茉莉、海常山　　**科属：** 马鞭草科赪桐属

原产地： 我国原产于福建、台湾、广东、广西等地。亚洲热带其它地区至大洋州波利尼西亚也有分布。

直立灌木。喜生于潮汐能至的地方，属红树林伴生植物之一，耐盐碱。为南方沿海防沙造林主要树种之一。适合于海滨景观营造，但目前园林中极少应用。

形态特征： 高1～2m。枝被灰色柔毛。叶对生，具柄；叶片薄革质，两面具细小腺点，卵形、倒卵形或椭圆形，全缘。花序腋生，有花3～7朵；花冠白色。核果倒卵形，熟时蓝黑色。花期夏季。

龙吐珠

拉丁名： *Clerodendrum thomsonae*
别名： 麒麟吐珠、白萼赪桐、臭牡丹藤、白花蛇舌草
科属： 马鞭草科赪桐属

原产地： 原产于非洲西部。我国各地温室有引种栽培，华南地区可露地栽培。

多年生常绿藤本。花形奇特，开花繁茂，华南地区可于园林中露地栽培，用于花坛、花架。北方盆栽观赏，也可作花架或垂吊盆花布置。喜半阴，喜温暖、湿润的环境，越冬温度需要在15℃以上，长期低于10℃，会引起落叶，甚至死亡。

形态特征： 茎四棱。叶对生；长圆形至卵形，全缘，叶脉由基部三出。聚伞形花序腋生；花萼裂片白色，宿存；花冠5裂，深红色；雄蕊4，与柱头同伸出花冠外。果实肉质球形，蓝色。

其他用途： 全株可入药

海州常山

拉丁名： *Clerodendrum trichotomum*

别名： 臭梧桐、泰山红五星、泡花桐、追骨风、后庭花、香楸

科属： 马鞭草科赪桐属

原产地： 我国原产于辽宁、陕西、甘肃以及华北、华东、华中至西南各地。朝鲜半岛、日本及菲律宾也有分布。

落叶灌木或小乔木。花形奇特、美丽，花期长，果实色彩鲜艳，是优良的观花、观果树种，宜配置于庭院、山坡、水边、堤岸、悬崖、石隙及林下。喜光，稍耐阴，较耐旱，适应性强，有一定耐寒性，忌低洼积水。喜湿润、肥沃壤土，对土壤酸碱性要求不严，耐盐碱性较强。极少病虫害，易于管理。

形态特征： 单叶对生；叶卵圆形，全缘或有波状齿。伞房状聚伞花序顶生或腋生，通常二歧分枝，疏散，末次分枝着花 3 朵；萼紫红色五裂至基部；花冠管细长，顶端 5 裂，裂片长椭圆形，白色或粉红色。核果球状，蓝紫色。花果期 6 ~ 11 月。

其他用途： 根、茎、叶、花入药，有祛风湿、清热利尿、止痛、平肝、降压之效。

蓝蝴蝶

拉丁名：*Clerodendrum ugandens*

别名：乌干达赪桐　　**科属**：马鞭草科赪桐属

原产地：原产于非洲热带乌干达等地。我国华南地区有栽培。

常绿灌木。花型、花色非常别致，盛开时花朵的造型酷似蝴蝶翩翩起舞，花姿非常优雅，极富观赏性。花期较长，适合于庭院、园林或绿地种植，也可盆栽观赏。喜光，喜温暖，不耐寒。喜疏松、肥沃的砂质土壤。

形态特征：株高50～120cm。叶对生，倒卵形至倒披针形，叶的上半部有疏齿。杯形花萼5裂，裂片圆形，缘带紫色；花冠蓝白色，唇瓣蓝紫色，花瓣完全平展；有4条细长向前伸出弯曲的花丝，为紫或白色。花期春至秋季。

垂茉莉

拉丁名： *Clerodendrum wallichii*

别名： 黑叶龙吐珠　　**科属：** 马鞭草科赪桐属

原产地： 我国原产于广西西南部、云南西部、西藏东南部。缅甸、孟加拉国、斯里兰卡、越南、印度也有分布。

灌木或小乔木。枝条纤细，花序下垂，花朵形似白蝶，飘逸潇洒，盛开时花香扑鼻，故名垂茉莉。花期秋季，果成熟时，花会由鲜红色转为紫红色，衬托着紫黑色的果实，有“黑叶龙吐珠”之称。花白芳香，清丽素雅，适合庭院种植或大型盆栽。喜半阴，喜高温、高湿环境，生长适温为23～30℃，忌干旱，畏寒冷。喜深厚的酸性土壤。

形态特征： 高达2～4m。小枝锐四棱形，有翅，无毛。叶长圆状披针形或披针形，顶端渐尖或长渐尖。聚伞花序排列成圆锥状，长约20cm，下垂，花序梗及花序轴锐四棱形；花冠白色，管细长，先端5裂，裂片卵状披针形；雄蕊及花丝伸出花冠，花丝旋卷。核果球形，初时黄绿色，成熟后紫黑色、光亮；宿存萼稍增大，鲜红色。花期10～11月；果期4月。

牡荆

拉丁名：*Vitex negundo* var. *cannabifolia*

别名：小荆、梦子、荆条、午时草、土柴胡、蚊子柴、野牛膝、补荆草

科属：马鞭草科牡荆属

原产地：分布于东北、华北、西北的部分地区及华东、华中、华南、西南等地。

灌木或小乔木。是北方干旱山区阳坡、半阳坡的典型植被，对荒地护坡和防止风沙均有一定的环境保护作用。也可栽培作为观赏植物。喜光，多自然生长于山地阳坡的干燥地带，性强健，耐寒、耐旱，根茎萌发力强，耐修剪。能耐瘠薄的土壤。

形态特征：黄荆的变种，小枝方形，密生灰白色绒毛。叶对生，掌状5出复叶，小叶片边缘有多数锯齿。圆锥状花序顶生；花冠淡紫色。果实球形。花、果期7～11月。

其他用途：叶、茎、果实和根均可入药。茎皮可造纸及人造棉。枝条坚韧，为编筐、篮的良好材料；开花时为优良的蜜源植物。

常见近缘种：荆条（*V. negundo* var. *heterophylla*），叶具长柄，5～7出掌状复叶，小叶边缘具切刻状锯齿，浅裂以至深裂。背面密生灰白色绒毛。

荆条

荆条

单叶蔓荆

拉丁名： *Vitex trifolia* var. *simplicifolia*

科属： 马鞭草科牡荆属

原产地： 原产于我国辽宁、河北、山东、江苏、安徽、浙江、福建、江西、广东等地的沿海沙地或湖畔沙地。

自然群落覆盖能力很强，在园林绿化上可孤植，也可群植形成庞大的群落，覆盖丘陵薄地、瓦砾等劣质土壤地表。喜光，耐寒，耐旱，耐瘠薄，具有很强的抗风、抗旱、抗盐碱能力。性强健，根系发达，在适宜的气候条件下生长极快，匍匐茎着地部分生须根。

形态特征： 落叶灌木。茎直立，方形。叶对生，椭圆形。穗状花序顶生；唇形花冠4裂，淡紫色。核果圆形。花期6～7月；果熟期9～10月。

五色梅

拉丁名： *Lantana camara*

别名： 马樱丹、七变花、七姐妹、臭金凤、如意花、头晕花

科属： 马鞭草科马缨丹属

原产地： 原产于美洲热带地区。我国华南及西南地区有栽培，有的已逸为野生。

常绿半蔓性灌木。花色美丽，观花期长，绿树繁花，常年艳丽，抗尘、抗污力强，华南地区可植于公园、庭院中作花篱、花丛，也可于道路两侧作地被植物或草坪中组成花坛。盆栽可置于门前、居室等处观赏。喜光，喜温暖、湿润的环境，适宜生长温度为20～25℃，不耐寒，适应性强，较耐干旱、瘠薄。对土质要求不严，在疏松、肥沃、排水良好的沙壤土中生长较好。耐修剪，在南方基本是露地栽培，北方可作盆栽摆设观赏。

形态特征： 高1～2m。茎枝呈四方形，通常有短的倒钩状刺；有时枝条生长呈藤状。单叶对生；卵形或卵状长圆形，两面粗糙有毛，揉碎有强烈的气味。头状花序腋生于枝梢上部，每个花序20多朵花；花冠筒细长，顶端多五裂，状似梅花；花冠颜色多变，黄色、橙黄色、粉红色、深红色、紫蓝色。果为圆球形浆果，熟时紫黑色。

蔓五色梅

常见栽培近缘种：蔓五色梅（*L.montevidensis*），半藤蔓状，花色玫瑰红带青紫色。

假连翘

拉丁名：*Duranta repens*
科属：马鞭草科假连翘属

原产地：原产于美洲热带地区。世界各热带地区多有引种。我国华南地区广为栽培。

常绿灌木。花蓝紫色，幽静娇艳，花期长；总状果序，悬挂梢头，橘红色或金黄色，有光泽，如串串金粒，经久不脱落，全年有果，为重要观果植物。宜作绿篱、绿墙、花廊，或攀附于花架上，悬垂于石壁、砌墙上，均很美丽。喜光，亦耐半阴，喜温暖、湿润气候；耐寒性较差，越冬如遇5～6℃长期低温或短期霜冻，植株即受寒害；耐水湿，不耐干旱。对土壤适应性较强，沙质土、黏重土、酸性土或钙质土均宜，较喜肥，贫瘠地生长不良。萌蘖性强，耐强度修剪。

形态特征：茎长可达6m，一般长2～3m。茎多分枝，不直立，呈半攀援状，枝有皮刺或无刺。叶对生，少有轮生；叶卵状椭圆形或卵状披针形，边缘有锯齿。花小，高脚碟状，花冠5裂，蓝紫色；花期长，从4月中旬至12月中旬。果圆形或近卵形，金黄色。

夜香树

拉丁名：*Cestrum nocturnum*

别名：夜丁香、木本夜来香、夜来香、洋素馨　　**科属**：茄科夜香树属

原产地：原产于南美洲。现广泛栽植于热带及亚热带地区。我国南方常见栽培。

常绿灌木。枝俯垂，花期长而繁茂，果期长，且富观赏价值。花夜间芳香，民间常用于天井、窗前、墙沿等处，园林中可用于庭院、茶坊中栽培，也适合路旁、草坪中。也可作切花。喜光，稍耐阴，喜温暖、湿润环境，不耐严重霜冻，越冬温度需在5℃以上。不择土壤。适合华南地区栽培。

形态特征：小枝具棱。单叶互生；长圆状卵形或椭圆形，先端渐尖。伞房式聚伞花序顶生或腋生；具多花，小花白绿色或淡黄绿色，花冠高脚碟状，5 裂，夜间极香；花冠筒管状，喉部稍缢缩。浆果近球型，熟时雪白色。

紫瓶子花

拉丁名：*Cestrum purpureum*

别名：夜紫香花　　科属：茄科夜香树属

原产地：原产于墨西哥。我国南方各地普遍栽培。

常绿灌木。枝条细密，直立或近攀援状，形态优美。傍晚开花，异香扑鼻，适宜布置庭院、亭畔、塘边、门廊及窗前，也可盆栽作室内装饰。喜光，稍耐阴，喜温暖、湿润环境。适合华南地区栽培。

形态特征：分枝下垂。叶薄，互生；卵状披针形，先端短尖，边缘波浪形。花序伞房状，疏散，腋生或顶生；小花稠密，花冠管狭长，渐扩大，形如瓶状，故得名；花冠紫红色，先端 5 裂，夜间极香。花期 7～12 月。浆果羊角状，翌年 4～5 月果熟。

其他用途：花香有驱蚊的特效；叶可入药。

大花曼陀罗

拉丁名： *Datura arborea*

别名： 木本曼陀罗　　**科属：** 茄科曼陀罗属

原产地： 原产于美洲热带。我国华南及西南地区的城市园林中有引种栽培。

常绿灌木。花呈钟形，淡黄色、粉、紫或白色，挂满枝头，在晚上还会发出优雅的淡香，是热带、亚热带地区良好的观赏花木，可在庭院栽培观赏。喜光，稍耐阴，喜温暖、湿润环境，不耐寒。对土壤要求不严，在酸性、中性及微碱性土壤中均能栽培，但在深厚、肥沃、排水良好的土壤上生长最好。

形态特征： 高可达5m。小枝灰白色。叶互生，具长柄；长椭圆形，全缘，先端渐尖。花单生叶腋，下垂；花萼筒形，花冠喇叭形，先端5浅裂，径约10cm。果实为蒴果，圆筒状锥形。

其他用途： 全株有毒，可入药，具有镇静、镇痛、麻醉的功能。

枸杞

拉丁名： *Lycium chinense*

别名： 西枸杞、白刺、山枸杞、白疙针、狗奶子根　　**科属：** 茄科枸杞属

原产地： 我国原产于全国各地。日本、朝鲜半岛、欧洲及北美洲也有分布。

落叶灌木。可丛植于池畔、山坡，也可作河岸护坡，或作绿篱栽植。还可作树桩盆栽。喜光，稍耐阴，喜干燥、凉爽气候，较耐寒，适应性强，耐干旱。喜疏松、排水良好的沙质壤土，忌黏质土及低涝环境，耐碱性土壤。

形态特征： 高达2m。多分枝，枝细长，拱形，有条棱，常有刺。单叶互生或簇生；卵状披针形或卵状椭圆形，全缘。花单生或簇生叶腋；花冠紫色，漏斗状。浆果卵形或长圆形，深红色或橘红色。

其他用途： 果实可入药。为民间常用的营养滋补佳品，可煮粥、熬膏、泡酒或与其他药物一起熬制。

鸳鸯茉莉

拉丁名：*Brunfelsia acuminata*

别名：二色茉莉　　**科属**：茄科鸳鸯茉莉属

原产地：原产于美洲热带地区。我国华南地区有引种栽培。

常绿灌木。姿势优美，花初开时蓝紫色，渐而变淡蓝至白色，非常奇特，适合于盆栽观赏，用于点缀小庭院和门厅，南方可作为露地花灌木布置。喜光，耐半阴，喜高温、湿润，耐干旱，耐瘠薄，忌涝，畏寒冷，生长适温为18～30℃，10℃以下停止生长，在有霜冻地区不能室外安全越冬。喜疏松、肥沃的土壤。

形态特征：植株高70～150cm。多分枝。叶互生；长披针形，纸质，叶缘略波皱。花单生或2～3朵簇生于叶腋；高脚碟状，花冠五裂，初开时蓝色，后转为白色；芳香。花期4～6月；10～11月。

大花鸳鸯茉莉

大花茄

拉丁名：*Solanum wrightii*

别名：大花树茄、南美树茄、木番茄　　**科属**：茄科茄属

原产地：原产于南美洲玻利维亚至巴西。现热带、亚热带地区广泛栽培。我国华南地区引种栽培。

常绿大灌木或小乔木，喜光，喜温暖、湿润，耐热，耐旱，不耐寒，越冬要求10℃以上。不择土壤，喜排水良好的壤土或沙质壤土。

形态特征：株高3～5m。茎直立，小枝及叶柄具刚毛与皮刺，叶互生，叶片大、通常羽状深裂，叶面具刚毛状单毛。二歧侧生的聚伞花序；花梗与萼密被刚毛，花大，花冠蓝紫色、渐褪至近白色，浅钟状，5裂，裂片外面部分被毛。浆果球状。花期几乎全年。

冬珊瑚

拉丁名：*Solanum pseudo-capsccicum*

别名：珊瑚樱、吉庆果、珊瑚豆　　**科属**：茄科茄属

原产地：原产于南美洲。我国华东、华南地区有栽培。

直立小灌木。花后结果，经久不落，果熟期正值元旦、春节期间。目前栽培有矮生种，株型矮，多分枝，盆栽陈设于厅堂几架、窗台上，可增加喜庆气氛。华南地区尚可于花坛中点缀。喜光，喜温暖，生长适温为18~25℃，不耐旱，忌积水，怕涝。要求排水良好、肥沃、疏松的土壤。

形态特征：多分枝成丛生状，枝光滑无毛。高可达2m。叶互生，狭长圆形至倒披针形，两面均无毛。夏秋开花，花小，白色，腋生。浆果深橙红色，圆球形，直径1~1.5cm。

其他用途：果实可药用，但不能食用。

常见栽培变种：珊瑚豆（var.*diflorum*），别名玉珊瑚、洋海椒、冬珊瑚，高30~150cm，小枝幼时被毛。叶双生，椭圆状披针形，大小不相等，叶背沿脉常有毛。原产巴西，在我国栽培后，在有的地区归化为野生种华南、西南地区尤为多见。

乳茄

拉丁名：*Solanum mammosum*

别名：五指茄、牛头茄、五代同堂、黄金果、五子拜寿　　**科属**：茄科茄属

原产地：原产于中美洲热带地区。

亚灌木。常作一年生栽培。果实成熟后状似塑胶制品，摆设观赏，经久不变色，不干缩。适合庭园露地栽培或剪切果材作高级插花材料。喜光，喜温暖、通风良好的环境，不耐寒，生长适温为15～25℃，最佳挂果温度为20～35℃。要求疏松、肥沃、排水良好的土壤。在华南地区略加保护即可露地越冬；而华东、华中、华北地区必须在保护地越冬。可于霜降后搬入室内光线较好的地方，维持不低于10～15℃的室温。

形态特征：株高约1m。叶片稀疏，对生；全株被蜡黄色扁刺。花蕾略下垂，花瓣5枚，紫色，径约3.8cm。果实呈倒置的梨状，基部有5个乳头状突起，果熟时为橙黄色至金黄色。花期9～10月；果期11月至翌年1月。

炮仗竹

拉丁名：*Russelia equisetiformis*

别名：爆竹花、吉祥草　　**科属**：玄参科炮仗竹属

原产地：原产于墨西哥。现世界热带地区广泛栽培。我国华南地区有栽培。

直立灌木。红色长筒状花朵成串吊于纤细下垂的枝条上，犹如细竹上挂的鞭炮。宜在花坛、树坛边种植，也可盆栽观赏。喜半阴环境，也耐日晒，喜温暖、湿润，不怕水湿，不耐寒，越冬要求5℃以上。耐修剪。

形态特征：高约1m。茎绿色，轮生，细长，具纵棱。叶小，对生或轮生，退化成披针形的小鳞片。聚伞状圆锥花序；花红色，花冠长筒状，长约2cm。花期春、夏季。

黄钟花

拉丁名：*Stenolobium stans*

别名：黄春花　　**科属**：紫葳科黄钟花属

原产地：原产于中美洲。我国广东等地有引种栽培。

常绿灌木或小乔木。树形优美，花色艳丽。宜用于庭园美化，可作花篱或花丛。喜光，亦耐阴，喜温暖、湿润气候，不耐寒。在酸性或中性土壤中均能生长良好。

形态特征：奇数羽状复叶对生；小叶5～13枚，披针形至长圆状卵形，缘有锯齿。总状花序或穗状花序；萼5裂；花冠钟状漏斗形，鲜黄色。蒴果线形，长约20cm。花期夏季。

十字架树

拉丁名：*Crescentia alata*

别名：叉叶树、叉叶木、三叉木　　**科属**：紫葳科葫芦树属

原产地：原产于墨西哥至哥斯达黎加。现全世界热带地区广泛栽培。我国广东、福建、云南等地有栽培。

常绿灌木或小乔木。叶形奇特，树形优美，叶、花、果均具观赏价值，可供庭园观赏。喜半阴，喜温暖、湿润气候，对土壤要求不严，以肥沃、排水良好的沙质壤土为佳。

形态特征：分枝低而开展。叶簇生于小枝上，小叶 3 枚，近无柄，长倒披针形至倒匙形，总叶柄具阔翅，形似十字架。花 1～2 朵生于小枝或老茎上，花萼 2 裂达基部，淡紫色；花冠钟状，2 唇形，褐色，具紫褐色脉纹。果大，椭圆形或近球形。花期夏季。

小驳骨

拉丁名：*Gendarussa vulgaris*

别名：秦艽、裹篱樵、细叶驳骨兰、臭黄藤　**科属**：爵床科驳骨草属

原产地：我国原产于华南及云南南部。印度、斯里兰卡、中南半岛至马来半岛也有分布。

常绿小灌木。在华南地区常见于村边路旁，山下池边等阴湿处，民间常栽培为绿蓠。适合于庭园作绿篱使用。喜半阴，喜温暖、湿润的气候，要求生长环境的空气相对湿度在70%～80%，温度10℃以下时停止生长，在有霜冻出现的地区不能安全越冬。

形态特征：高1～2cm。茎直立，茎节膨大。枝条对生，无毛。单叶对生；叶片狭披针形，边全缘，两面均无毛。穗状花序生于枝顶或上部叶腋；花萼5裂，花冠二唇形，下唇浅3裂，白色带淡紫色斑点。果实棒状。春季开花；夏季结果。

其他用途：全草药用，可祛瘀生新，续筋驳骨。

虾衣花

拉丁名：*Justicia brandegeana*

别名：虾夷花、虾衣草、狐尾木、麒麟吐珠

科属：爵床科麒麟吐珠属

原产地：原产于墨西哥。世界各地均有栽培。

常绿亚灌木。苞片重叠成串下倾，花序长约10cm，似龙虾、狐尾，十分有趣。常年开花，适宜盆栽，放在室内高架上观赏；也可作花坛布置。喜光，也较耐阴，忌暴晒，喜温暖、湿润环境。热带花卉，越冬最低温度要在5～10℃以上。在温室栽培，可常年开花不断。海南海口地区可露地越冬。

形态特征：株高1～2m。茎细弱，多分枝，全株被茸毛。叶卵形或椭圆形，全缘。穗状花序顶生，下垂，具红至黄、绿色宿存苞片；花白色，唇形，形似虾。

金苞花

拉丁名：*Pachystachys lutea*
别名：黄虾花、珊瑚爵床、金包银、金苞虾衣花、艳苞花
科属：爵床科厚穗爵床属

原产地：原产于秘鲁和墨西哥。我国南方普遍栽培。

常绿亚灌木。株丛整齐，花色鲜黄，花期较长。观花赏叶，清雅宜人。适合于作会场、厅堂、居室及阳台装饰。南方用于布置花坛。喜光，耐阴性强，喜高温、高湿的环境，在18～25℃的环境中，如肥水得当，可全年开花不断。越冬要求5℃以上。喜肥沃、排水良好的轻壤土。

形态特征：高可达1m，盆栽仅15～20cm。茎节膨大。叶对生；革质，卵形或长卵形，先端渐尖，中肋与羽状侧脉黄白色。花序顶生；重叠整齐的金黄色心形苞片略呈四棱柱形；花乳白色，唇形，长约5cm，从花序基部陆续向上吐露，金黄色苞片可保持2～3个月。

珊瑚花

拉丁名：*Cyrtanthera carnea*
别名：巴西羽花　　**科属**：爵床科珊瑚花属

原产地：原产于巴西。我国各地有引种栽培。

常绿亚灌木。夏、秋季开花，红色花序在艳阳照射下格外柔美，形、色均似珊瑚，鲜艳雅致，是园林中常见的盆栽观赏花卉。花期长，又较耐阴，适合装饰居室。喜光，但怕强光曝晒，耐阴，喜温暖、湿润环境，越冬温度不能低于10℃。要求肥沃、疏松的腐叶土。我国多于温室中栽培。华南南部可于室外栽培。

形态特征：高30～50cm。茎四棱状。叶对生；长圆状卵形，先端渐尖。密集的短圆锥花序顶生；花玫瑰紫色或粉红色，花冠2唇形，粉红色。花期6～8月。

鸭嘴花

拉丁名：*Adhatoda vasica*

别名：牛舌兰、野靛叶　　**科属**：爵床科鸭嘴花属

原产地：原产地不明，最早发现于印度，现亚洲东南部广泛分布。我国广东、广西、云南、海南有分布。

常绿灌木。枝、叶一色，青翠素雅，开花时，绿叶衬以洁白的花序，颇为清秀。宜作盆花栽培，陈设于室内几案上及园林的亭阁水榭中。南方暖地也可作庭园绿篱栽培。较耐阴，强光直射时叶片易被灼焦，喜湿润环境，不耐寒，越冬温度要求5℃以上。要求排水良好的土壤。

形态特征：高可达2～3m。茎节膨大，幼枝有毛。搓揉树叶有特殊气味。叶对生；矩圆状披针形或矩圆状椭圆形，先端渐尖，全缘。穗状花序顶生或近顶部腋生，常数个合生；苞片卵形；花冠唇形，白色，有紫色线条。春、夏开花。

鸟尾花

拉丁名：*Crossandra infundibuliformis*

别名：半边花、十字爵床、炮竹花、燕尾花　　**科属**：爵床科鸟尾花属

原产地：原产于印度、斯里兰卡。

常绿小灌木。花期长，为夏季优美的低矮花卉，适合花坛成簇栽培或盆栽。对光照适应范围较宽，全日照、半日照或稍荫蔽均可，其中以半日照条件下的叶色较为青翠，开花亦良好。喜高温、多湿，生长适温22～32℃，越冬要求10℃以上。生性强健，对土质要求不严，但以疏松、肥沃、排水良好的沙质壤土最佳。露地栽培在华南地区可作多年生，在长江流域可作一年生栽培。

形态特征：高约20～40cm。叶对生；长椭圆形，全缘或波状缘，先端渐尖，叶色浓绿富有光泽。穗状花序腋生；花冠管细，花瓣5裂，单唇形，偏向一侧，橙黄色或橙红色。花期5～10月。

可爱花

拉丁名：*Eranthemum pulchellum*

别名：喜花草、爱春花　　**科属**：爵床科喜花草属

原产地：原产于印度。现已普遍逸生于亚洲热带地区。

常绿灌木。花色淡雅宜人，华南及西南地区南部可用于花坛、花境布置，或作林缘地被植物。其他地区可盆栽于室内观赏。喜光，喜温暖、湿润环境，高温时须充分灌水，不耐寒。宜疏松、肥沃的土壤。

形态特征：高约1～2m。叶对生；椭圆形至卵形，先端渐尖，两面无毛，叶脉10对，明显。穗状花序顶生或腋生；花冠高脚碟形，深蓝色或蓝紫色，先端5裂，裂片倒卵形。花期秋、冬季。

虎刺

拉丁名：*Damnacanthus indicus*

别名：刺虎、寿庭木、雀不踏、绣花针、黄脚鸡　　**科属**：茜草科虎刺属

原产地：我国原产于长江流域及其以南各地。印度、日本亦有分布。多生于阴坡林下和溪谷两旁灌丛中。

常绿小灌木。四季常青，红果艳丽，经久不落。宜盆栽和制作盆景。也适于园林中作地被植物或矮绿篱。扦插 1～2 年成型。较耐阴，喜散射光充足，喜湿、怕涝，忌温差过大，不耐寒。盆栽应注意水分和光照，忌大肥，适当的光照可以促进开花、结果，提高观赏价值。喜较肥沃、微酸性的的沙质或黏质土壤。

形态特征：高 30～70cm。枝条细，分枝多，有直刺，常对生于叶柄间，黄绿色，小枝有灰黑色。叶对生，卵形或阔椭圆形，革质，全缘。花小，白色，管状漏斗型，常 1～2 朵生于叶腋。核果球形，熟时红色。花期 4～5 月；果期 11～12 月。

希茉莉

拉丁名：*Hamelia patens*

别名：长隔木、醉娇花　　**科属**：茜草科长隔木属

原产地：原产于热带美洲。我国华南、西南地区有引种栽培。

常绿灌木。枝叶青翠，花姿轻盈，适合作大型花坛或绿篱。可于庭园、校园或公园单植、列植、丛植、群植美化。喜光，稍耐阴，喜高温、高湿，生长适温为18～30℃，冬季低温时叶片会转为褐红色，忌霜，越冬温度8℃以上。喜深厚、肥沃的酸性土壤。耐旱，耐修剪，生长快，易移植。

形态特征：高2～3m。全株具白色乳汁。叶绿色，春季幼株新叶及冬季老叶呈褐红色；叶椭圆状卵形至长圆形，先端短尖或渐尖，3～4枚轮生于茎上。聚伞型圆锥花序顶生，为狭细的管状花，先端略5裂，橘红色。浆果卵圆形，暗红色。花期5～10月。温度适宜时，可全年开花。

栀子

拉丁名： *Gardenia jasminoides*

别名： 黄栀子、山栀、白蟾　　**科属：** 茜草科栀子属

原产地： 原产于我国华中地区及长江下游部分地区。全国大部分地区有栽培，华中以北地区可作室内盆栽。

常绿灌木。四季常绿，花芳香素雅，绿叶白花，格外清丽可爱。它适用于阶前、池畔和路旁配置，也可有作篱和盆栽观赏。喜光，但忌夏季强光直射，喜温暖、湿润气候，最佳生长温度16～18℃，越冬温度不能低于0℃。是典型的酸性花卉，适宜生长在肥沃、排水良好、轻黏性的酸性土壤中。pH 值控制在4.0～6.5之间为宜。长江以南地区栽培较易，华北地区需精心照料。

形态特征： 高达2m。叶对生或3叶轮生；叶片革质，长椭圆形或倒卵状披针形，全缘。花单生于枝端或叶腋，白色，芳香；花冠高脚碟状，裂片5或更多。花期5～7月。

大花栀子

常见主要栽培品种及变种：

①大花栀子（*G. jasminoides* var. *fortuniana*），别名玉荷花；叶大、花大而富浓香，重瓣。

②水栀子（*G. jasminoides* var. *radicans*），植株矮小，花小、叶小，重瓣。

③雀舌栀子（*G. stenophylla*），又名小花栀子、雀舌花；植株矮小、平卧，叶小、狭长，倒披针形；花亦较小，有浓香，重瓣。

④花叶栀子（*G. stenophylla*'Variegata'），狭叶栀子的园艺品种。叶片狭长，叶面不平整，呈不规则银白色板块。

⑤银边栀子（*G. stenophylla*'Argenteo-marginatus'），狭叶栀子的园艺品种。植株矮小，茎平卧；叶小、狭长，叶缘银白色。

六月雪

拉丁名：*Serissa japonica*

别名：满天星、碎叶冬青、白马骨、悉茗　**科属**：茜草科白马骨属

原产地：我国原产于长江以南各地。日本、越南有分布。

常绿小灌木。叶小枝密，花开时节远看如银装素裹，犹如六月飘雪，雅洁可爱，园林中常栽植于林下、灌木丛中。干老枝虬，盘根错节，为良好的盆景材料。喜半阴，喜温暖、湿润，不甚耐寒，越冬需要在0℃以上。喜疏松、肥沃、排水良好的中性及微酸性土壤。萌芽力、分蘖力较强，耐修剪，易造型。

形态特征：高不足1 m。分枝多而稠密。叶对生或成簇生于小枝上，长椭圆形或长椭圆状披针状，全缘。花单生或多朵簇生，花冠漏斗形，白色带红晕或淡粉紫色，顶端4～6裂。小核果近球形。花期6～7月。

银边六月雪

金边六月雪

复瓣六月雪

常见栽培品种：

①金边六月雪（‘Ariegata’），叶较大，叶缘有金黄色狭边。

②复瓣六月雪（‘Pleniflora’），花蕾形尖，淡紫色，花开时转为白色，花重瓣，质较厚。

③银边六月雪（‘Argenteo’），叶较大，叶缘有白色狭边。

金边六月雪

银边六月雪

龙船花

拉丁名：*Ixora chinensis*

别名：英丹、仙丹花、山丹、水绣球、百日红　　**科属**：茜草科龙船花属

原产地：我国原产于岭南及西南地区南部。东南亚各国有分布。现世界各地均有栽培，广泛用于盆栽观赏。

常绿小灌木。植株低矮，花叶秀美，花色丰富。在华南可露地栽植，适合庭院、宾馆、风景区布置，高低错落，花色鲜丽，景观效果极佳。盆栽观赏，小巧玲珑，花叶繁茂。喜光，但怕强光，耐半阴，喜温暖、湿润，不耐水湿，不耐寒，越冬温度8℃以上。为酸性土指示植物，要求疏松、肥沃、排水良好的微酸性土壤。

形态特征：多分枝。叶革质，对生；倒卵形至矩圆状披针形。聚伞形花序顶生，花序具短梗，有红色分枝；花冠高脚碟状，裂片4，倒卵形或近圆形，红色、橙红色，且有黄、白、双色等品种。花期从夏至秋，常开不败。

五星花

拉丁名：*Pentas lanceolata*
别名：繁星花　**科属**：茜草科五星花属

原产地：非洲热带及中东等地。

常绿亚灌木。花小，星状别致，多花聚生成球，艳丽悦目，且花色丰富，花期持久。为热带园林重要的花卉之一，主要应用于花坛、花池、墙下等处群植，也可作夏、秋季花境填空补缺材料；或作室内盆栽观赏。喜光，亦耐阴，耐高温，也耐干旱。栽培以疏松、肥沃，排水良好的沙壤土为好。

形态特征：株高30～50cm。幼茎和叶两面密被柔毛。托叶多裂成刺毛状，叶对生，膜质，长椭圆形或披针状矩圆形，基部下延成楔形。聚伞花序顶生，小花细长高脚碟状，花冠5裂，花色有粉红、绯红、桃红、白等。花期3～10月。

滇丁香

拉丁名：*Luculia intermedia*

别名：露球花　　**科属**：茜草科滇丁香属

原产地：原产于我国广西西部、贵州南部、西藏东南部、云南。印度、越南、尼泊尔、缅甸有分布。

常绿灌木或小乔木。花序硕大，花色典雅，盛开时满树浮香，是优美的观赏树种。可用于园林中树丛之下，作为下木。喜光，稍耐阴，喜温暖、湿润气候，成年植株可耐－5℃的短期低温，稍耐瘠薄，不耐积水。适生于疏松、肥沃、排水良好的土壤，酸性土至碱性土上均能正常生长。

形态特征：高可达5m。叶纸质，对生；矩圆形或矩圆状倒披针形。伞房状聚伞花序顶生；花冠红色，高脚碟状，裂片5，近圆形，裂片内面基部有2个呈波浪状相连的附属物，芳香。蒴果长陀螺形，具10条纵棱。花期7～8月。

九节

拉丁名：*Psychotria rubra*

别名：山大刀、青龙吐珠、牛屎乌　　科属：茜草科九节属

原产地：我国原产于西南、华南、华东地区。日本及东南亚、南亚均有分布。

常绿灌木或小乔木。我国多作为药用植物，目前园林中应用较少，可作林下下木，观赏植物形态、观果。喜半阴，喜温暖、湿润，忌寒，稍耐干燥。要求肥沃、疏松、排水良好的微酸性土壤。

形态特征：高0.5～5m，叶对生，纸质；矩圆形、椭圆状或倒披针形矩圆形，长8～20cm，先端渐尖。聚伞花序通常顶生，多花，总花梗常极短；花小，白色，裂片5，裂片近似三角形。核果近球状至椭圆状，红色。

其他用途：嫩枝、叶、根可入药，功能清热解毒、消肿拔毒、祛风除湿。

玉叶金花

拉丁名：*Mussaenda pubescens*

别名：白纸扇、白头公、野白纸扇、山甘草、土甘草、凉口茶

科属：茜草科玉叶金花属

原产地：原产于我国华南、华东及云南等地。

常绿攀援性灌木。叶翠绿，叶状萼片洁白耀眼，犹如白蝴蝶飞舞。醒目的黄花点缀于绿与白之间，更增添整株花的姿色，是大有发展潜力的园林观赏花卉。在园林中可孤植、片植或与龙船花、虎刺梅、黄蝉等搭配栽植于规则式花坛之中。也可盆栽观赏。喜光，耐半阴，喜温暖、湿润的环境，忌寒，稍耐干燥，生长适温20～30℃，越冬温度不能低于0℃。要求肥沃、疏松，排水良好的微酸性土壤。

形态特征：叶对生或轮生；卵状矩圆形或卵状披针形，下面密被短柔毛，明显有叶柄。聚伞花序顶生，花稠密，有极短的总花梗；每朵花花萼5枚，其中1枚萼片扩大成叶状，白色，宽椭圆形，长2.5～5cm，其余萼裂片线形，比花冠管长；花冠黄色，先端5裂，裂片长圆状披针形，约4 mm。果肉质，近椭圆形，干后黑色。

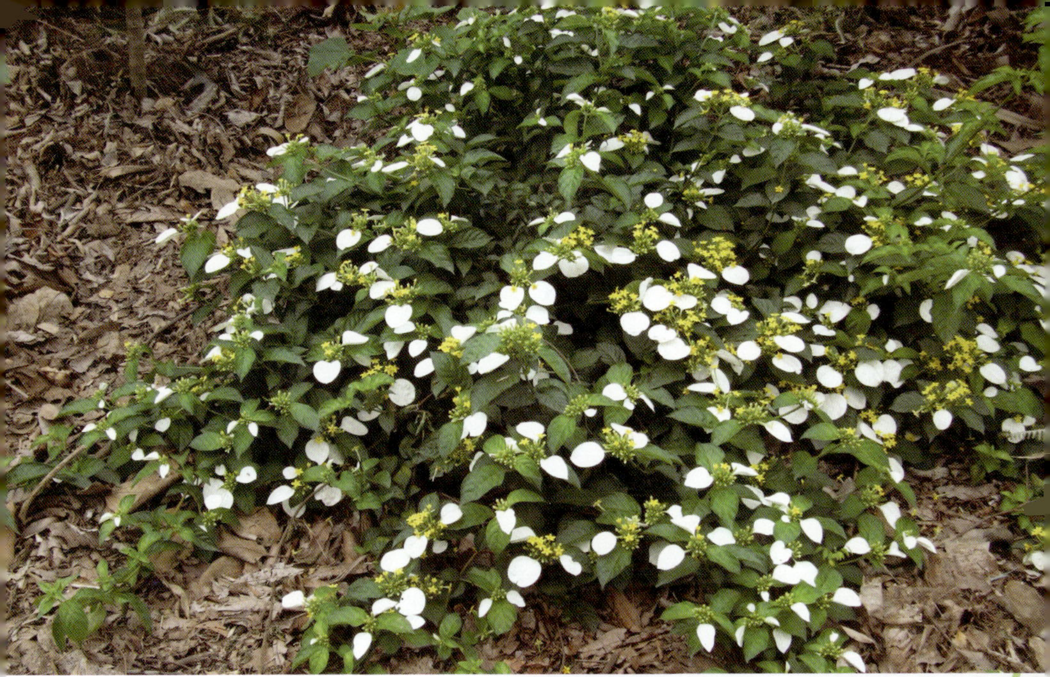

常见栽培近缘种：

①白纸扇（*M. frondosa*'Aurosae'），又名洋玉叶金花，叶状萼片大，白色，长6～8cm，花冠黄色。

②大叶白纸扇（*M. sequirolii*），叶片宽卵形或宽椭圆形，长10～25cm；叶状萼片白色，较大，长3～4cm；花冠黄色。

③楠藤（*M. erosa*），又名厚叶白纸扇。

白纸扇

大叶白纸扇

楠藤

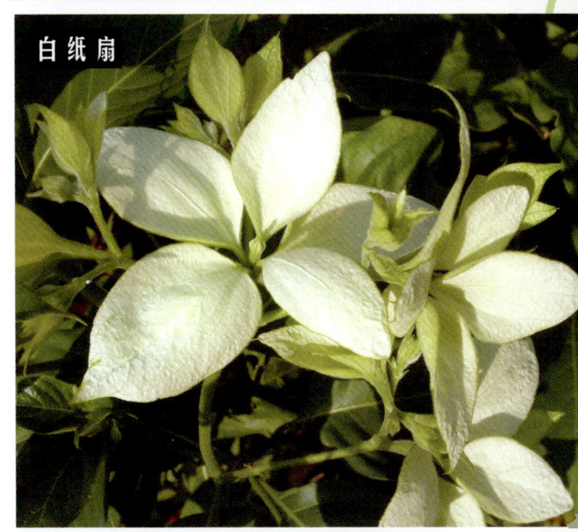

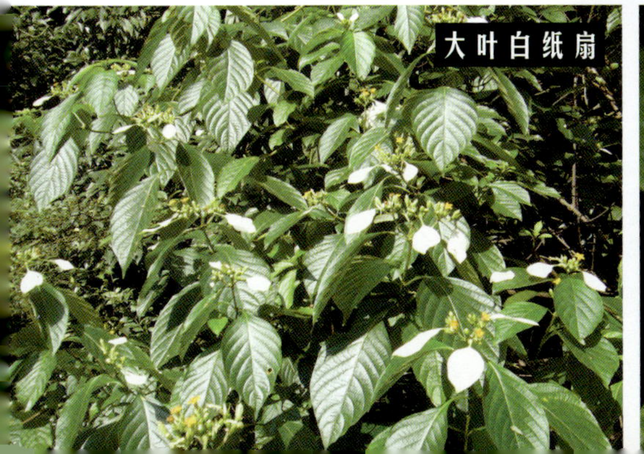

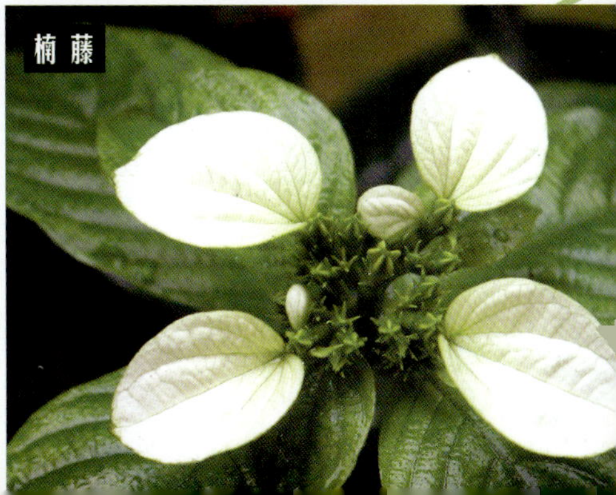

粉萼花

④粉萼花（*M. hybrida*'Alicia'），叶状萼片粉红色，花冠黄色。

⑤红纸扇（*M. erythrophylla*），常绿或半落叶直立或攀缘状灌木；叶脉红色；叶状萼片深红色，花冠黄色。

薄皮木

拉丁名： *Leptodermis oblonga*

别名： 小丁香，野丁香，薄皮野丁香，毛爪爪　　**科属：** 茜草科薄皮木属

原产地： 原产于我国华北的燕山、太行山脉及周边地区。多生于花岗岩山地山坡、路边向阳处石缝中。

落叶灌木。株形矮小，枝叶茂盛，夏秋开花，花期长，可于草坪、路边、墙隅、假山旁及林缘丛植观赏；也可以做矮绿篱。喜光，耐半阴，喜温暖、凉爽气候，较耐寒、耐旱。忌涝，忌土壤黏重。

形态特征： 高1～2m。枝柔弱，灰色或灰褐色。叶对生或三叶轮生；矩圆形或矩圆状倒披针形，长1～1.5（3）cm，全缘。花2～10朵簇生枝顶或叶腋；花冠漏斗状，长1～1.5cm，淡红色或堇紫色，先端裂片5，近三角形。蒴果椭圆形。花期6～9月。

六道木

拉丁名：*Abelia biflora*
别名：六条木、双花六道　**科属**：忍冬科六道木属

原产地：原产于我国辽宁、河北、山西等地。

落叶灌木。老枝斜立，幼枝婉垂，绿叶白花，清逸淡雅，适宜与锦带花或连翘搭配丛植、片植于空旷地块、水边或建筑物旁。萌芽力、萌蘖力均强，耐修剪，可修剪成规则球状列植于路两旁。耐半阴，喜温暖、湿润气候，耐寒，耐旱，在肥沃、疏松的中性或偏酸的土壤中均生长良好。生长快，根系发达。适合黄河以北园林中引种栽培。

形态特征：高可达 2m。老枝灰色，具 6 道沟，幼枝带红褐色。叶对生或 3 叶轮生；长圆形或长圆状披针形，边全缘或疏生粗齿，先端尖至渐尖。花双生于枝梢叶腋，无总梗；花冠白色至淡红色，裂片 4。瘦果圆柱形，微弯，疏被刺毛。花期 5 ～ 7 月。

大花六道木

大花六道木

金叶大花六道木

常见栽培近缘种：

①大花六道木（*Abelia* × *grandiflora*），为六道木和糯米条的杂交种，叶绿色，花色白中带粉，开花繁茂，花型优美，似漏斗，花期自春季至秋季络绎不绝，令人赏心悦目，是一种优良的花灌木品种。华东及华南地区适合栽培，可作花篱。

②金叶大花六道木（*Abelia* × *grandiflora* 'Variegata'），叶金黄色，略带绿心。

大花六道木

金叶大花六道木

金叶大花六道木

糯米条

拉丁名： *Abelia chinensis*
科属： 忍冬科六道木属

原产地： 原产于我国长江以南各地。

落叶灌木。株丛壮大，枝条柔软弯垂，花期正值夏秋少花季节，大团淡粉红色花序挂于枝头，花香浓郁，有花时间长，为不可多得的秋花树木。可群植、列植或修剪成花篱，也可孤植于池畔、路边、草坪等处加以点缀。喜光，也耐阴，怕强光曝晒，喜温暖、湿润气候，稍耐寒，耐旱，耐贫瘠。酸性、中性土壤均能生长，但以肥沃的沙质壤土为宜。适合长江流域地区栽培。华北地区栽于建筑物阳面可安全越冬。

形态特征： 高可达2m。老枝树皮纵裂，嫩枝纤细，红褐色，被短柔毛。叶对生或3枚轮生，卵形或卵状椭圆形，先端急尖或长渐尖，边缘具疏浅齿。聚伞花序生于小枝上部叶腋，由多数花序集合成一圆锥状花簇，花粉红色或白色，漏斗状，裂片5，具香味。花期7～10月。

双盾木

拉丁名：*Dipelta floribunda*

别名：鸡骨头　　**科属**：忍冬科双盾木属

原产地：原产于我国湖南、湖北、四川、云南、贵州、广西、河南、陕西等地。

落叶灌木或小乔木。总花梗顶端的粉红色小苞片托着钟形花冠，格外奇特。可栽植于庭院观赏，或点缀于草坪、岩石及假山。也可作花篱。耐半阴，喜温暖、湿润气候，耐寒，在肥沃、疏松中性或偏酸的土壤中均生长良好。

形态特征：高达6m。叶对生；卵形至卵状椭圆形，长5～10cm，先端尖或长渐尖。聚伞花序簇生于侧生短枝顶端叶腋；花梗纤细，具2对形状、大小不等的小苞片，紧贴萼筒的1对小苞片肾形盾状，成熟时最宽处达2cm；萼筒具5枚钻状条形的裂片；花冠粉红色，下部筒状，上部钟状，稍呈二唇形。果实具棱角，为宿存而增大的盾状小苞片所包被。花期4～7月；果熟期8～9月。

猬实

拉丁名： *Kolkwitzia amabilis*

别名： 千层皮 **科属：** 忍冬科猬实属

原产地： 原产于我国山西、陕西、甘肃、河南、安徽、湖北等地。欧洲广为引种。

落叶灌木。花期正值初夏百花凋谢之时，秋季全树挂满带刺的小果，甚为别致。在园林中可于草坪、角隅、山石旁、亭廊附近列植或丛植；也可盆栽观赏或作切花。喜光，喜温凉环境，怕水涝和高温，较耐寒、耐旱，北京地区可露地越冬。要求排水良好、湿润、肥沃的土壤。在相对湿度过大、雨量多的地方，常生不良，易罹病虫害。适合我国长江以北地区栽培。

形态特征： 枝干丛生。叶对生；卵状椭圆形，先端渐尖；两面散生短毛。伞房状聚伞花序顶生，具总花梗；花冠钟状，5 裂，喉部黄色，花色有粉红、桃红、浅紫等色。瘦果状核果，外密被刚硬刺毛。花期 5～6 月；果熟期 8～9 月。

其他用途： 我国特有的单种属。

郁香忍冬

拉丁名： *Lonicera fragrantissima*

别名： 香忍冬、香吉利子、羊奶子　　**科属：** 忍冬科忍冬属

原产地： 原产于我国山西、河北、河南、山东、浙江、安徽、江西、湖北等地。

半常绿灌木。枝叶茂盛，早春先叶开花，香气浓郁。适宜庭院附近、草坪边缘、园路旁及转角一隅、假山前后及亭际附近栽植。还可利用老桩盆栽配成桩景。喜光，也耐阴，耐寒，忌涝。喜肥沃、湿润土壤。适合华中、华东、华北地区栽培。

形态特征： 高达2m。小枝具白色、密实的髓。叶近革质，形状变化较大，卵形状长圆形、倒卵状椭圆形或卵圆形，长4～10cm，先端尖或凸尖。两花合生叶腋；花乳白色或有淡红色斑纹，有芳香，花冠唇形，上唇4裂片，下唇1片。浆果椭圆形，鲜红色，长约1cm。花期2～4月；果熟期4～5月。

金银忍冬

拉丁名：*Lonicera maackii*

别名：金银木、鸡骨头、马氏忍冬　　**科属**：忍冬科忍冬属

原产地：我国原产于东北地区。朝鲜半岛有分布。现全国南北各省均有栽培。

落叶灌木或小乔木。株形圆满，夏季观花，秋、冬季观果，是我国北方园林绿化中最常见的树种之一。常被丛植于草坪、山坡、林缘、路边或建筑周围。老桩可制作盆。喜光，耐半阴，耐旱，耐寒，抗逆性强，生长适温为14～28℃，越冬温度不宜低于－15℃。

形态特征：高可达6m。小枝具黑褐色髓或中空。单叶对生；叶呈卵状椭圆形至披针形，先端渐尖或长渐尖。花成对腋生，二唇形花冠，上唇4裂，下唇1片，花开之时初为白色，后变为黄色。浆果球形，亮红色，晶莹剔透。花期5～6月；果期8～10月。

其他用途：花是优良的蜜源植物。全株可药用。

红花金银忍冬

常见栽培变种：红花金银忍冬（var. *erubescens*），花为红色。

接骨木

拉丁名： *Sambucus williamsii*

别名： 大接骨丹、九节风、续骨草、马尿骚　　**科属：** 忍冬科接骨木属

原产地： 原产于我国东北、华北及华东各地。朝鲜、日本也有分布。

落叶灌木或小乔木。初夏开白花，初秋结红果。适宜于水边、林缘和草坪边缘栽植或配置花境观赏，亦可盆栽。喜光，耐寒，耐旱，性强健，根系发达，萌蘖性强。南北各地均有引种栽培。

形态特征： 高可达 4～8m。髓心淡黄棕色。奇数羽状复叶对生，小叶椭圆状披针形，2～5 对，缘具锯齿，揉碎后有臭味。圆锥状聚伞花序顶生；花冠辐状，白色至淡黄色。浆果状核果等球形，黑紫色或红色。花期 4～5 月；果 6～7 月成熟。

常见栽培近缘种：

西洋接骨木（*S. nigra*），小叶 5～11 枚，揉碎有异味，花较小。

金叶接骨木

西洋接骨木

绣球荚蒾

拉丁名：*Viburnum macrocephalum*
别名：木绣球　　科属：忍冬科荚蒾属

原产地：原产于我国长江中下游地区。为园艺栽培变种。在野外发现的，形态上有差异，亲缘关系不明。

落叶或半常绿灌木。树姿舒展，开花时白花满树，犹如朵朵白色绣球压枝，十分美观。园林中可配置于林荫道旁，或片植于背阴山坡。大型植株可孤植，宜配植在堂前屋后，墙下窗外，也可丛植于路旁林缘等处。耐寒，能适应一般土壤，好生于湿润、肥沃的地方。长势旺盛，萌芽力、萌蘖力均强。

形态特征：高可达4m。冬芽裸露。叶卵形、椭圆形或近圆形，边缘有细齿。大型聚伞花序呈球状，全由不孕花组成；花冠白色，幅状；雄蕊长约3mm，花药小；雌蕊不育。核果椭圆形，先红后黑。花期5～6月；果期7～10月。

琼花

常见栽培变种：

琼花（*V. macrocephalum* f. *keteleeri*），花序周围是白色大型不孕花，中部是可孕花。核果椭圆形，先红后黑。

珊瑚树

拉丁名：*Viburnum odoratissimum*

别名：法国冬青、早禾树　　**科属**：忍冬科荚蒾属

原产地：原产于我国南岭及以南地区。

常绿灌木或小乔木。四季枝繁叶茂，遮蔽效果好，又耐修剪，是庭园绿篱的好材料。在规则式园林中常整形修剪为绿墙、绿门或绿廊。喜光，耐半阴，喜温暖、湿润的环境，较耐寒，耐干旱。要求肥沃、排水良好的沙壤土。

形态特征：高达15m。叶革质，椭圆形至椭圆状矩圆形，长7～20cm，顶端渐尖至钝头，边全缘或具不规则浅波状钝齿。圆锥花序广金字塔形，长5～10cm；花芳香，花冠辐状，裂片长于筒，白色。核果卵状矩圆形，先红后黑。花期4～5月；果期7～10月。

常见栽培变种：日本珊瑚树（var.*awabuki*），别名法国冬青；原产于我国华东，日本和朝鲜半岛也有分布；叶倒卵状矩圆形至矩圆形，先端钝或急狭而钝头，边具较规则的浅波状钝齿；圆锥花序生于具两对叶的幼枝顶，花冠白色，漏斗形或高脚碟形，裂片短于花筒；核果倒卵形。

欧洲荚蒾

拉丁名：*Viburnum opulus*

别名：欧洲琼花、雪球　　**科属**：忍冬科荚蒾属

原产地：原产于我国天山西北部至欧洲的云杉林地区。各地园林中有栽培。

落叶灌木。美丽的花序、亮丽的果实以及紫红色的秋叶都极具观赏价值。适宜庭园、绿地孤植、丛植。喜光，极耐寒，较耐旱，耐盐碱能力亦较强。喜湿润、肥沃的土壤。生长速度中等。

形态特征：高达4m。枝有纵棱。树皮薄，不为木栓质。叶近圆形，长5～12cm，宽3～8cm，3裂，有时5裂，缘有不规则粗齿，叶柄近端处散生2～3盘状大腺体。伞房状聚伞花序，于枝顶成球形，径5～7.5cm，周边大都有大型白色不孕边花；花药黄色。果近球形，红色而半透明状。

鸡树条荚蒾

拉丁名：*Viburnum opulus* var. *calvescens*
别名：忍冬科荚蒾属

原产地：原产于我国东北、华北，西至陕西、甘肃南部、四川，南至湖北，东至浙江的广大山地林区。日本、朝鲜半岛及俄罗斯远东地区有分布。

落叶灌木。鲜红光亮，经久不落。可用于风景林、公园、庭院、路旁、草坪上、水边及建筑物北侧。可孤植、丛植、群植。喜光、耐寒，喜湿润肥沃的土壤。

形态特征：高达3m。树皮厚，为木栓质。小枝具明显皮孔。叶对生；广卵形至卵圆形，通常3裂并具掌状3出脉，裂片边缘有不规则锯齿；枝梢叶片椭圆形至披针形，不开裂。复伞形聚伞花序顶生，径8～12cm；花白色，周边为大型不孕花，中央为能孕花，花冠乳白色；花药紫红色。浆果状核果近球形。

粉团荚蒾

拉丁名：*Viburnum plicatum*

别名：雪球荚蒾、日本绣球　**科属**：忍冬科荚蒾属

原产地：我国原产于湖北西部和贵州中部。日本有分布。我国长江流域栽培广泛。

落叶或半常绿灌木。树姿舒展，开花时白花满树，犹如积雪压枝，十分美观。宜配植在堂前、屋后，墙下、窗外，也可丛植于路旁林缘等处。喜光，略耐阴，不耐寒。能适应一般土壤，但好生于肥沃、湿润的土壤。性强健，萌芽力和萌蘖力都比较强，耐修剪。

形态特征：高达4m，树冠半球形。冬芽有1对披针状三角形鳞片。芽、幼枝、叶柄均被灰白或黄白色星状毛。单叶对生，卵形或椭圆形，缘有细锯齿。大型聚伞花序伞形式球形，全部由大型不孕花组成；花白色，幅状，裂片4～5，大小常不相等；雌、雄蕊均不发育。花期4～5月。

常见栽培变种：蝴蝶荚蒾（var. *tomentosum*），别名蝴蝶戏珠花，仅外围有4～6朵扩大的黄白色不孕花，中部为白色可孕花，稍有香气；雄蕊稍突出花冠。

蝴蝶荚蒾

蝴蝶荚蒾

锦带花

拉丁名：*Weigela florida*
别名：海仙、五色海棠、山脂麻　　**科属**：忍冬科锦带花属

原产地：我国主要原产于于东北，华北、陕西及河南、山东北部山区也有。日本、朝鲜有分布。

花期正值春花凋零、夏花不多之际，其枝叶茂密，花多，花色艳丽，花期可长达数月，是华北地区主要的春花灌木。适宜庭院墙隅、湖畔群植；也可在树丛林缘作花篱丛植配置。喜光，耐阴，耐寒，怕水涝。能耐瘠薄土壤，但以深厚、湿润而腐殖质丰富的土壤生长最好。萌芽力强，生长迅速。

形态特征：落叶灌木。单叶对生；叶片椭圆形或卵状椭圆形，先端渐尖，边缘有锯齿。花 1～4 朵组成伞房花序，着生于小枝的顶端或叶腋；萼齿披针形，裂至萼檐中部；花冠漏斗状钟形，紫红至淡粉红色、玫瑰红色，先端 5 裂。蒴果柱状。种子无翅。花期 5～6 月；果期 10 月。

常见栽培近缘种：

①水马桑（*W. japonica* var. *sinica*），别名半边月、木绣球，原产于我国长江以南的广大地区。萼齿

海仙花

水马桑

条形，裂至萼檐基部；花1～3朵组成伞房花序，着生于叶腋或短枝顶端；花白色至淡红色。果长1～2cm，疏生柔毛。种子具窄翅。

②日本锦带花（*W. japonica*），原产日本，聚伞花序侧生短枝叶腋，具3朵花；果实光滑。

③路边花（*W. floribunda*），别名美丽锦带花，花紫红色，花期6～10月；

④海仙花（*W.coraeensis*），叶较宽，花冠白色或红色，渐为深红色，2朵生于近枝端叶腋，红、白花朵相间开放。

常见栽培品种：

①花叶锦带花（'Variegata'），叶缘有黄色或白色斑块。

②紫叶锦带花（'Alexandra'），植株较矮小，叶紫红色。

③金叶锦带花（'Aureum'），春叶金黄色。

海仙花

水马桑

水马桑

路边花
路边花
路边花
金叶锦带花
日本锦带花
紫叶锦带花
花叶锦带花

观赏竹

竹类植物隶属于被子植物门单子叶植物纲禾本科竹亚科。竹亚科即有如乔木状高大的种类，也有低矮、丛生如灌木状的种类。竹类是多年生木质化植物，也是一类再生性很强的植物。

竹类植物是集文化、美学、景观价值于一身的优良观赏植物，是重要的造园材料，是构成中国园林的重要元素，在中国古典、近代及现代园林中均广泛应用。

由于许多竹类多年不开花，有的终身只开一次花，所以竹的分类主要依据它们营养器官的形态特征，如地下茎的分生方式、小枝的分枝方式、秆箨的构造差异等等。

竹类的叶片有两种：枝条上着生的营养叶大都为披针形，叶片的大小各竹种之间或相似或相差悬殊；而包在竹秆上的茎生叶　秆箨（包括箨鞘、箨舌、箨耳、箨叶和繸毛）是识别竹种的重要部位。

佛肚竹

拉丁名：*Bambusa ventricosa*
别名：佛竹　　**科属**：禾本科簕竹属

原产地：原产于我国广东，南方各地引种栽培。东南亚和南、北美洲均有引种栽培。

畸形竹秆状若佛肚，奇特可观。露地种植常形成高大竹丛，偶尔可见少数畸形秆。常应用人工盆栽的方法，施以截顶措施，形成畸形株丛以供观赏。喜温暖、湿润气候，属南亚热带竹种，耐寒性差，越冬温度不能低于5℃，在岭南地区可露地越冬；长江流域冬季入室越冬。

形态特征：丛生型竹类。秆二型，正常秆圆筒形，高可达8～10m；畸形秆秆节甚密，节间较正常秆为短，基部显著膨大呈瓶状。箨耳卵形或倒卵形至镰刀形，大耳宽5～6mm，小耳宽3～5mm；箨舌极短，不到1mm；箨叶卵状披针形；箨鞘背部无毛，老后橘红色。叶片披针形至线状披针形。

撑蒿竹

拉丁名：*Bambusa pervariabilis*
别名：油竹、白眉竹、花眉竹、槁竹　　**科属**：禾本科簕竹属

原产地：原产于我国广东、广西、福建等地的河岸或低丘。为华南良竹之一，常见于广东省的西北江，广州近郊亦常栽培。

顾名思义，其竹材坚实挺直，可以做撑篙、农具及建筑用材。竹秆丛生，四季青翠，姿态秀美，宜于旅游景区片植形成竹海景观，也可栽在道路两旁或围墙边缘。喜光，也耐半阴，喜疏松、湿润土壤。

形态特征：秆高10～15m，径4～6cm。分枝坚挺且低。节间长20～45cm；基部节间具黄白色条纹。秆箨鲜时绿色，具淡色纵条纹，背部稍被毛，早落，箨鞘先端呈不对称的圆拱形；箨片基部与箨耳相连部分仅3～7mm；箨耳明显，均具皱折，大耳比小耳大1倍；箨舌高2～5mm，边缘锯齿状；箨叶直立，长三角形。叶片线状披针形。

黄金间碧竹

拉丁名：*Bambusa vulgaris* ‘Vittata’

别名：青丝金竹、黄金间碧竹　　**科属**：禾本科簕竹属

原产地：为龙头竹（泰山竹）的栽培变种，原种产我国云南南部。在我国岭南各地的庭园中有栽培。

竹秆呈金黄色，间有深绿色条纹，可用于营造大型竹子长廊和生态与经济两用竹林，也是公路绿化、江河、湖岸、广场、围墙等地带的理想布景植物。适宜南方地区城镇美化及庭院造园。喜温暖、湿润之气候环境，属南亚热带竹种，耐寒性差，越冬温度要求在5℃以上。

形态特征：分枝低而开展，主枝明显。秆和枝表皮金黄色且镶嵌宽窄不等的绿色纵条纹。秆箨绿色间有数条黄色纵条纹，早落，革质，长约节间之半；箨鞘短宽，背面密被黑色向上刺毛；箨舌短，约3～4mm，先端齿尖；箨叶直立，三角形。叶片披针形，色浓绿，下面无毛。笋期5～10月。

常见栽培变种：大佛肚竹（‘Wamin’），为中型丛生竹，竹株生长粗壮、密集，高仅2～3m，直径可达4～5cm，下部各节间极其缩短，形如算盘珠状，形态奇特，颇为美观。

大佛肚竹

孝顺竹

拉丁名：*Bambusa multiplex*

别名：凤凰竹、蓬莱竹、慈孝竹　　**科属**：禾本科簕竹属

原产地：原产于我国南方，主产于广东、广西、福建及西南等地。

竹秆丛生，四季青翠，姿态秀美，宜于宅院、草坪角隅、建筑物前或河岸种植。可栽在道路两旁或围墙边缘作绿篱或丛植庭园观赏。喜光，稍耐阴，喜温暖、湿润环境，不甚耐寒。喜深厚、肥沃、排水良好的土壤。

形态特征：丛生竹，秆高3～8m，径1～3cm。秆直立密生。幼秆微被白粉。秆绿色，老时变黄色，梢稍弯曲。枝条多数簇生于一节。每小枝着叶5～10片，叶片线状披针形或披针形。

常见栽培品种：

①花孝顺竹（*B.multiplex* f.*alphonsekarri*），秆高2～3m，直径1～2cm。新秆浅红色，老秆金黄色，并不规则间有绿色纵条纹。

②凤尾竹（*B. multiplex* 'Fernleaf'），丛生密集，株型矮小，秆高1～3m，秆细，空心。体态潇洒，观赏价值较高，宜作庭院丛栽；也可作盆景植物，配以山石等。

花孝顺竹

花孝顺竹

花孝顺竹

孝顺竹

凤尾竹

凤尾竹

凤尾竹

凤尾竹

慈竹

拉丁名：*Neosinocalamus affinis*

别名：茨竹、钓鱼慈、丛竹、吊竹　　**科属**：禾本科慈竹属

原产地：原产于我国长江中游及西南地区。

在我国四川、重庆等西南地区是最普遍生长的竹种之一，农村房舍前后、平地、丘陵均有分布，多为栽培的经济林，罕见野生者。其新竹、旧竹高低相倚，若老少相依，故名。为速生高产竹种，植后3～5年郁闭成林，管理合理，可百年持续利用。高度适中，竹秆碧绿，竹叶茂密，适合丛植于园林中作背景材料。绿竹、粉墙甚是美观。喜光，喜温暖、湿润气候和肥沃、疏松土壤。本种也有秆带黄色条纹的栽培品种。

形态特征：秆高5～10m，粗3～6cm，顶端细长，弧形弯曲下垂如钓丝状。节间长达60cm。箨环明显，丝鞘革质；箨耳不明显，狭小；箨舌高4～5mm；箨叶直立或外翻。末级小枝有叶10余枚，叶在小枝上互生，叶片窄披针形，基部较平齐。

刚竹

拉丁名：*Phyllostachys sulphurea* ‘Viridis’

别名：榉竹、胖竹、柄竹、台竹　　**科属**：禾本科刚竹属

原产地：原产于黄河以南、长江流域及福建等地。拉丁名为金竹的栽培变种，实际金竹为本种的栽培变种。

秆高挺秀，枝叶青翠，是长江下游各地重要的观赏和用材竹种之一。可配植于建筑前后、山坡、水池边、草坪一角，宜种植在居民新村、风景区绿化美化。为较耐寒的竹种之一，能耐－18℃的低温，抗性强，适应酸性至中性土，但pH8.5左右的碱性土及含盐0.1%的轻盐土亦能生长。

形态特征：秆高10～15m，径8～10cm，淡绿色。全秆各节箨环均突起；节间具猪皮状皮孔区。秆箨密布褐色斑点或斑块；无箨耳和繸毛；箨舌黄绿色；箨叶带状披针形，外翻，常下垂；绿色，具橘黄色边。末级小枝有2～6枚叶片，繸披针形，翠绿色，至冬季转黄色。

罗汉竹

拉丁名：*Phyllostachys aurea*

别名：人面竹、寿星竹、布袋竹、算盘竹　　**科属**：禾本科刚竹属

原产地：原产于我国黄河流域以南各地，多为栽培，少见野生。

竹秆的中下部数节节间极其短缩，交互倾斜、缢缩或肿胀，而具有特殊的观赏价值。可用于多种园林造景，也是制作盆栽、盆景的好材料。喜温暖、湿润，适应性较强，较耐寒、耐旱。喜土层深厚之低山丘陵及平原地区。

形态特征：秆高3～10m，径2～5cm。秆形劲直，部分秆的下部节间畸形缩短而成不对称肿胀。正常节间长15～20cm。秆环及箨环均隆起；秆箨背面淡紫色至黄绿色；箨鞘有稀疏褐色小斑点；箨舌很短，淡黄绿色，先端有淡绿色细长纤毛；箨叶带状披针形，下垂，绿色而具黄边。末级小枝着生2～3叶，叶舌极短，叶片狭长披针形或披针形。笋期4～5月。

其他用途：秆可作手杖、伞柄、钓鱼竿等工艺品，笋味美。

红竹

拉丁名：*Pbyllostachys iridescens*

别名：红壳竹、红哺鸡竹、红鸡竹　　**科属**：禾本科刚竹属

原产地：原产于我国浙江、江苏等地。

发笋量大，笋期长，箨鞘紫红色，边缘紫褐色而得名。色彩美观，适于大面积片植，也可于建筑物旁栽培观赏。适应性强，除积水和盐碱地不能生长外，江南平原、丘陵均可栽培。对土壤的要求也不高。

形态特征：秆高6～12m，径可达10cm。幼秆被白粉，一二年生的秆逐渐出现黄绿色纵条纹，老秆则无条纹。中部节间长17～24cm。秆环和箨环中度缓隆起。箨鞘紫红色或淡红褐色，边缘紫褐色，背部密生紫褐色长纤毛。末级小枝具3～4叶，叶舌紫红色，笋期4月中、下旬。

常见栽培品种：花秆红竹（*P.iridescens* 'Huahongzhu'）是红竹的新栽培品种，观赏特点在其秆为黄色，间有规则或不规则的绿色条纹，相当美观。

花秆红竹

黄秆乌哺鸡竹

乌哺鸡竹

拉丁名：*Phyllostachys vivaxv*

别名：雅竹、凤竹、墙竹、麻哺鸡竹　　**科属**：禾本科刚竹属

原产地：原产于我国浙江、江苏、福建等地，江南各地常见栽培，北方也有引种。

竹秆呈独特的金黄色并间有粗细不等的不规则深绿色条纹，竹叶浓密、青翠，姿态婀娜，适合于各种园林造园、盆栽及成片竹园营造。适应性强，耐寒，耐旱，基本无病虫害。

形态特征：秆高6～12m，径可达8～10cm。新秆绿色，节下具白粉。节间具颇明显的纵脊条纹。箨鞘密被稠密的烟色云斑点；无箨耳及鞘口遂毛；箨舌短而中部拱起，两侧显著下延；箨叶细长，前半部强烈皱折。末级小枝具2～3叶，叶较长大，长8～18cm，宽约2cm，呈簇状下垂，外观醒目。笋期4月中下旬。

其他用途：发笋旺盛，竹笋产量高，笋质鲜美。集绿化、美化，食用于一身，是极有发展前途的观赏、经济竹种。

黄秆乌哺鸡竹

黄秆乌哺鸡竹

黄秆乌哺鸡竹

黄秆乌哺鸡竹

黄纹竹

常见栽培品种：

①黄秆乌哺鸡竹（'Aureocaulis'），竹秆金黄色。

②黄纹竹（'Huanwenzhu'），竹秆绿色，节间分枝一侧纵槽部位黄色。竹叶墨绿。竹秆粗大，黄绿相间，色泽艳丽，观赏价值极高。群植作观赏竹林；或盆栽、配景观赏都极为漂亮，为珍稀优良观赏竹种。

黄纹竹

黄纹竹

早园竹

拉丁名：*Phyllostachys propinqua*

别名：沙竹，桂竹　　**科属**：禾本科刚竹属

原产地：原产于我国江苏、安徽、浙江、江西、湖南、福建等地。

在构景和创造意境上具有重要作用，而且具有庇荫、防护、保持水土等多种用途。常成片配置，形成闭合幽曲的景区。适宜在深厚、疏松、肥沃、排水良好而湿润，坡度平缓的微酸性土壤中生长。

形态特征：秆高8～10m，粗4～6cm。幼秆深绿色，密被白粉，无毛。中部节间长15～25cm，常在沟槽的对面一侧微膨大，有时隐约有黄色纵条纹。箨鞘褐绿色或淡黑褐色，无毛，有不规则分散的、大小不等的斑点，还有紫色纵条纹；无箨耳及鞘口缝毛；箨舌两侧明显下延或稍下延；箨片窄带状披针形，强烈皱曲或秆上部者平直、外翻，绿色或紫褐色。末级小枝具2～3叶，稀可5～6叶。笋期自3月中旬开始。

其他用途：其笋味鲜美，是浙、沪一带早春主要的时令菜鲜之一。

常见栽培品种：花秆早竹（‘Viridissulcata’），秆高3～6m，径2～3cm。秆金黄色，沟槽绿色。

龟甲竹

拉丁名：*Pbyllostachys heterocycla*

别名：龙鳞竹、佛面竹、马汉竹、黍节竹　　**科属**：禾本科刚竹属

原产地：原产于长江中下游秦岭、淮河以南，南岭以北的广大地区，毛竹林中偶有发现。

竹秆的节片凹凸有致，像龟甲，又似龙鳞，与其他灵秀、俊逸的竹相比，少了份柔弱飘逸，多了些刚强与坚毅。象征长寿、健康，为我国的珍稀观赏竹种。

从生物学角度来看，毛竹应为本种的原型，龟甲竹应为毛竹的变型。但根据国际植物命名法规优先律的规定，龟甲竹已先拥有种名，所以毛竹的拉丁名一直作为龟甲竹的变型处理。

形态特征：秆直立，高可达20m，粗8～12cm。下部竹秆的节间歪斜，节纹交错，斜面突出，交互连接成不规则相连的龟甲状，愈基部的节愈明显。

毛竹

拉丁名：*Pbyllostachys heterocycla* 'Pubescens'
别名：楠竹、江南竹、猫头竹　　**科属**：禾本科刚竹属

原产地：原产于长江中下游秦岭、淮河以南，南岭以北的广大地区。

秆高，叶翠，秀丽挺拔，经霜不凋。是我国栽培最普遍，历史悠久，面积最广，经济价值也最重要的竹种。自古以来常植于庭园曲径、池畔、溪涧、山坡、石迹、天井、景门等处供观赏；根浅质轻，是屋顶绿化的极好材料。喜温暖、湿润气候，在深厚肥沃、排水良好的酸性土壤上生长良好，忌排水不良的低洼地。

形态特征：大型竹种。秆高可达25 m以上，粗达18 cm。幼秆密被细柔毛及厚白粉，箨环有毛，老秆无毛。基部节间甚短，向上逐节增长，中部节间长达40cm。秆箨厚革质，密被糙毛和深褐色斑点、斑块。笋箨有毛，箨耳和繸毛发达，箨舌发达，箨片长三角形至披针形，外翻。秆环隆起不明显。末级小枝具叶2～4枚，叶片较小而薄，披针形。笋期4月。

安吉绵毛竹

黄槽毛竹

毛竹有个奇特之处，种植后的前 5 年地面上不见生长，到了第六年雨季到来的时候，撚玕蟠核駭忽然开始以每天约 2 米的速度向上急窜 15 天左右，最后可以长到近 30 米高。

常见栽培品种：

①花毛竹（‘Tao Kiang’），秆黄色，节间有鲜艳的粗细不一的绿色条纹，非常美观。

②黄槽毛竹（‘Luteosulcata’），秆绿色，但节间的沟槽则为黄色。

花毛竹

花毛竹

金镶玉竹

黄槽竹

拉丁名：*Phyllostachys aureosulcata*

别名：玉镶金竹　　**科属**：禾本科刚竹属

原产地：原产于浙江、江苏等地，其栽培品种在北京园林中被发现并被记录，固称京竹。

竹秆鲜艳，黄绿相间，非常引人注目。有的竹秆下部之字型弯曲，是我国南北方园林绿化中不可多得的竹类珍品，常作庭园绿化用。适应性强，较耐严寒，抗盐碱，抗风沙。是适合在北方栽培的少数竹种之一。

形态特征：秆高 4 ~ 6m，径达 4cm。秆绿色，凹槽处黄色，秆基部有时数节生长曲折。箨淡黄色，有绿色条纹和紫色脉纹；箨耳宽镰刀形；箨叶长三角形至宽带形，直立；箨舌宽短，弧形。末级小枝具叶 2 ~ 3 枚，叶片披针形，基部收缩成细柄。笋期 4 月。

其他用途：笋可食用。

常见栽培品种：

①京竹（'Pekinensis'），秆绿色，无黄色纵条纹。高 4 ~ 6m，直径 2 ~ 4cm。

②黄秆京竹（'Aureocaulis'），秆全部金黄色。

③金镶玉竹（'Spectabilis'），新秆为嫩黄色，后渐为金黄色，各节间有绿色纵纹，有的竹鞭也有绿色条纹，叶绿，少数叶有黄白色彩条。

黄秆京竹

京竹

紫竹

拉丁名：*Phyllostachys nigra*
别名：黑竹　**科属**：禾本科刚竹属

原产地：原产我国黄河流域以南地区。南北各地多有栽培，北京亦有。

从生物学角度讲，本种实为毛金竹（*Phyllostachys nigra* var. *henonis*）的紫秆变种，但因发现比毛金竹早，依据植物学命名法规，本种拉丁名为正种。观秆色竹种，为优良园林观赏竹种。喜光，喜温暖、湿润气候，较耐寒，在北京地区可露地越冬。

形态特征：散生竹。秆高4～10m，径2～5cm。幼笋节间被毛。新竹绿色，当年秋冬即逐渐呈现黑色斑点，以后逐渐全秆变为紫黑色，有1年变紫和3年变紫2个品种。秆箨有箨耳，箨耳显著，长圆形至镰形；箨片直立；箨舌较高，边缘常作撕裂状；箨鞘新鲜时为淡红褐色或紫黄色，背部被以较密的小刺毛；箨舌强隆起。末级小枝具叶2～3枚，叶披针形，质薄。

其他用途：竹材较坚韧，宜作钓鱼竿、手杖等工艺品及箫、笛、胡琴等乐器。笋可供食用，味较淡。

白哺鸡竹

拉丁名：*Phyllostachys dulcis*

别名：象牙竹　　**科属**：禾本科刚竹属

原产地：原产于我国江苏、浙江、福建等地。

秆基部节间常可见不规则的极细的乳白色或淡绿色纵条纹，为优良观赏竹种，多丛植为竹林，浙江杭州及农村普遍栽培；亦可制作盆景。适生于温暖、湿润之气候环境。

形态特征：形态特征：秆高6～10m，径4～6cm。老秆灰绿色，基部节间常可见不规则的极细的乳白色、淡黄色或橙红色的纵条纹。秆环甚隆起，高于箨环。箨鞘质薄，背面淡黄色或乳白色；箨耳卵状至镰形；箨舌拱形；箨片带状，皱曲，外翻，紫绿色，边缘带黄绿色。末级小枝具2～3叶；叶片长9～14cm。笋期4月下旬。

其他用途：笋味鲜美，产量高，供食用；秆可作柄材用。

桂竹

拉丁名：*Phyllostachys bambusoides*

别名：月季竹、麦黄竹　　**科属**：禾本科刚竹属

原产地：原产于我国于黄河流域至长江以南各地

节间较长，达40cm。箨叶橘红色，秆具紫褐色斑块与斑点，是优良的绿化树种。其变种金明竹与栽培品种斑竹，均为著名观赏竹种，绿化造园、配景或盆栽观赏效果均好。适生于温暖、湿润之气候环境。

形态特征：秆高达18m，径达14cm。中部节间长达40cm。秆绿色，无毛、无白粉。秆环和箨环均隆起。箨耳镰形；箨舌高不及2mm；箨叶橘红色，边缘绿色，平直或微皱，下垂。末级小枝具2～3叶；叶长椭圆状披针形，长7～15cm，宽1.3～2.3cm，下面粉绿色。笋期6月。

金明竹

其他用途：笋较毛竹更味美；秆可供制作凉床、竹椅、蒸笼和竹帘；秆稍可制作柴耙，枝作扫帚；箨鞘可作雨帽和包粽子用。

常见栽培变种：

①斑竹（f.*lacrima-deae*），秆具紫褐色斑块与斑点，分枝亦有紫褐色斑点，为著名观赏竹。

②金明竹（var.*castillonis*），又称德国五月季竹、黄金间碧玉竹。与原变种的区别在于其秆及主枝硫黄色，其节间与分枝一侧之沟槽中常呈鲜绿色，有时其旁侧亦有同样绿色条纹2～3条。叶绿色，间有不规则黄白线条，亮丽夺目，且分枝开展，竹叶浓绿，为珍稀优良观赏竹种。

金明竹

斑竹

斑竹

斑竹

鹅毛竹

拉丁名：*Shibataea chinensis*

别名：矮竹、三叶竹　　**科属**：禾本科倭竹属

原产地：原产于我国江苏、安徽、浙江、江西、福建等地。

竹秆矮小密生，叶大而茂，作地被竹类，观赏效果甚佳。宜半阴，喜温暖、湿润环境，喜肥，较耐寒，忌烈日，浅根性，在疏松、肥沃、排水良好的沙质壤土中生长良好。

形态特征：秆高0.3～0.6m，径0.2～0.3cm。秆直立，纤细，中空极少或近于实心。每节分枝3～6枝，分枝通常只有2节，仅上部1节生叶，一般每小枝生1～2小叶，叶广披针形，先端渐尖，尾状卷曲，幼时质薄，鲜绿色，老熟后呈厚纸质。

常见栽培近缘种：

狭叶倭竹（*S. lanceifolia*），叶片长披针形。

狭叶倭竹

方竹

拉丁名：*Chimonobambusa quadrangularis*

别名：四方竹、四季竹、四角竹、标竹　　**科属**：禾本科方竹属

原产地：原产于我国秦岭南坡、淮河以南的亚热带地区。

混生竹。竹秆青绿色，呈钝圆的四棱型，别具风韵，华丽高雅。为庭院常见观赏竹种。江南各地造园均可选用。可三五株植于窗前、花台中、假山旁，甚为优美；也可丛植成林观赏。喜温暖气候和荫凉、湿润的环境。适生于疏松、肥厚、排水良好的沙壤土。长江流域以南各地，低山缓坡及平原均可栽培。

形态特征：秆高3～8m。节间呈四棱形，深绿色，基部有小疣状突起。秆环基隆起，基部数节常具一圈刺瘤。箨鞘具多数紫色小斑点；箨叶极小。每节有3枝。末级小枝具叶2～5枚，叶长披针形。

其他用途：其秆可制作手杖。笋味鲜美，可供食用。

菲白竹

拉丁名：*Sasa fortunei*
科属：禾本科赤竹属

原产地：原产于日本。我国华东地区有观赏栽培。

植株低矮，叶片秀美，常植于庭园观赏；作地被、绿篱或与假山石相配都很合适；也是盆栽或盆景中配植的好材料。宜半阴，忌烈日，喜温暖、湿润气候，喜肥，较耐寒。喜肥沃、疏松、排水良好的沙质土壤。

形态特征：秆高10～80 cm。节间细而短小，圆筒形。秆环较平坦或微有隆起。每节具2至数分枝或下部为1分枝。末级小枝具4～7叶，叶片短小，狭披针形，绿色底上有白色纵条纹，叶柄极短；叶鞘淡绿色，鞘口有数条白缘毛。笋期4～5月。

菲黄竹

阔叶箬竹

拉丁名：*Indocalamus latifolius*

别名：寮竹、箬竹、壳箬竹　　**科属**：禾本科箬竹属

原产地：原产于我国长江以南的广大地区。在北京及以南地区有栽培。

园林中多作地被植于疏林下，也可植于河边护岸。喜光，耐半阴，适应性强，喜湿、耐旱，较耐寒。对土壤要求不严，在轻度盐碱土中也能正常生长。

形态特征：株高约1～2m。秆箨宿存，质坚硬，背部有紫棕色小刺毛，箨舌平截。末级小枝具叶1～3枚，叶长椭圆形，长10～30cm，叶缘粗糙。

中文名索引

七画

八画

九画

拉丁名索引